图书在版编目（CIP）数据

中国热带亚热带海洋鱼类剥制标本图鉴 / 杨静，陈清华，谢争光著. -- 青岛 ：中国海洋大学出版社，2025. 7. -- ISBN 978-7-5670-4025-0

Ⅰ. Q959. 4-64

中国国家版本馆CIP数据核字第2024WU7592号

ZHONGGUO REDAI YAREDAI HAIYANG YULEI BOZHI BIAOBEN TUJIAN

中国热带亚热带海洋鱼类剥制标本图鉴

出版发行	中国海洋大学出版社		
社　　址	青岛市香港东路23号	**邮政编码**	266071
网　　址	http://pub.ouc.edu.cn		
出 版 人	刘文菁		
责任编辑	邓志科　宋玉蓉	**电　　话**	0532-85901040
电子信箱	20634473@qq.com		
印　　制	青岛海蓝印刷有限责任公司		
版　　次	2025 年 7 月第 1 版		
印　　次	2025 年 7 月第 1 次印刷		
成品尺寸	185 mm × 260 mm		
印　　张	27.75		
字　　数	510 千		
印　　数	1 ~ 1000		
定　　价	228.00 元		
订购电话	0532-82032573（传真）		

发现印装质量问题，请致电0532-88785354，由印刷厂负责调换。

前言

我国是一个陆地大国，同时也是一个海洋大国，不仅拥有960万平方千米的陆地国土，根据《联合国海洋法公约》还有着约300万平方千米主张管辖海域。我们熟知的四大海域——渤海、黄海、东海和南海，纵跨赤道带、北热带、北温带，为我国沿海省份提供了异常丰富的鱼类资源。每年伏季休渔期结束，各船港万船齐发，奔赴预定海域捕捞海产品。

在海洋生物中，海洋鱼类在种类和数量上都占据优势，海洋馆中展出的、捕捞船捕获的海洋鱼类，只是其中微不足道的一小部分，还有更多潜伏大海的鱼类不为大众所认识和了解，受客观条件限制，很多热带、亚热带海洋鱼类甚至已不具备走进人们视野的条件。但在滚滚向前的时间里，标本可以将它们定格为永恒，展示美丽，留存价值。

一般情况下，在生物教学、淡海水鱼分类研究和博物馆陈列中，鱼类浸制标本的应用比较多，因为浸制标本制作省时省力，而且不易变形。但浸制标本难以保存原色，人们常看到的浸制标本往往惨淡苍白，无自然色泽。在所有类型的标本中，剥制标本被公认为是最能还原动物生前形态的标本。在相关研究工作中，为了展示鱼类的生活姿态及生态适应情况，往往也需要选择一些鱼类进行剥制、展示。

剥制标本是剥去动物的外皮，将内面涂上防腐剂或使用防腐液浸泡整个皮张，再用铅丝或木架和填充物支撑制成的标本，简要来说，其制作流程即剥皮、防腐、填充、缝合。这些都需要人工完成，费时耗力。在剥皮处理过程中，不少颜色艳丽的鱼类死亡后，其自然颜色往往褪失，甚至变成不同颜色。要使该物种显示并长久保持原本的颜色，势必花费制作者不少脑细胞。制作者不仅要有高度的颜色敏锐度，而且更要细心、耐心地试验无数次，反复在不同物质上涂拭各种试剂组合，从而找到最能反映所制标本自然颜色的最佳组合。

通过这种手段制成的剥制标本，既可以作为专业院校用于教学和科研的文教用具，服务于综合类博物馆供人观赏和科普，多姿多彩、栩栩如生的海洋鱼类剥制标本也可以用于建筑装饰设计。本着推动海洋鱼类科普、促进生态保护的目的，也为鱼类剥制标本能为更多爱好海洋生物的公众所认识，我们编写了本书。

目前，国内已出版十余本海洋鱼类图鉴或图谱书籍，这些图书以介绍南海区域鱼类的为多。其图片基本以实物照片为主，少量辅以手绘彩图，尚未有鱼类剥制标本图书见诸市面。本书最大限度地搜集整理了我国热带、亚热带海洋鱼类剥制标本，通过搜集历史存留的制作时的剥制标本照片，实地拍摄高分辨率的剥制标本照片，最大限度地以剥制标本还原海洋鱼类的原生状态。借助彩色印刷，本书清晰地展现了相关鱼类的形态结构、体形体色。拍摄时，还放入了日常所用的红酒瓶或可乐罐等作为参照，以便广大读者更直观地感受鱼体的大小和比例。

本书组织专业团队，整理了在长期从事剥制标本制作的佛山南洋来者生物科技有限公司多年所制作、保存的鱼类剥制标本，并再度搜集了其留存的标本照片和近年来现场拍摄的现存标本照片。结合专业资料和剥制标本取得时的海域及形态特征，本书对所有照片中的鱼类全部重新鉴定并分类，具体阐述了其形态特征、分布和经济利用等方面，以期充分发挥剥制标本在种类鉴定和科学研究方面的价值。全书包含银鲛目、须鲨目、真鲨目、电鳐目、鳐目、鲼形目、海鲢目、鳗鲡目、鲱形目、鲇形目、仙女鱼目、鮟鱇目、颌针鱼目、鲻形目、刺鱼目、鲉形目、鲈形目、鲽形目、鲀形目、金眼鲷目等，共计29个目、超400种鱼类剥制标本的清晰照片。在现场拍摄的剥制标本种类，本书尽可能从不同角度提供清晰照片；对剥制标本最有特色的形态和体色，也以技术手段尽可能保存完善，努力还原这些热带、亚热带海洋鱼类生活时的外形和体色。

要特别感谢佛山南洋来者生物科技有限公司提供的剥制标本及相关照片，公司李丽嫦同志给予热情帮助。该公司先后处理制作了1400余种我国海洋动物剥制标本，也充分保障了本书照片的需求。郭照良、贺顺莲两位老师就相关鱼类学知识给予了悉心指导，隋昊志、程琪、于晓巍等同事在照片收集、物种分类鉴定、文字修改等工作上付出了辛勤劳动，硕士研究生范金金、裴精花在资料收集、图片修饰等方面作出了贡献。中国海洋大学出版社邓志科同志就书中错误之处提出修改意见，其他各位编辑付出巨大努力，使本书变成精美出版物。在此一并感谢。

因学识粗浅，书中难免会有不足之处，恳请读者不吝指正。

目录 | CONTENTS

01 银鲛目 Chimaeriformes

· 银鲛科 Chimaeridae

· 银鲛（黑线银鲛）*Chimaera phantasma*

♀ 雌性

♂ 雄性

❖ 形态特征

黑线银鲛，别名带鱼鲨、海兔子，常见于南海海域，栖息于2000米深的海洋中，冬季和生殖季节游向近海。身体侧扁，越往后越细长，尾部像鞭子一般。雄性黑线银鲛的眼睛前上方长有柄状的突起，称为“额鳍脚”；腹鳍里侧有三叉形的鳍脚，腹鳍前方有扁圆的腹前鳍脚，游泳划动时能突出或缩入皮囊中。

黑线银鲛主食贝类等软体动物，也以甲壳类和小鱼为食。

❖ 分布

主要分布于日本南部及朝鲜西南部、北太平洋西部。北起日本，南至菲律宾。在我国，分布于南海、东海、黄海等海域。

❖ 保护级别

中国物种红色名录（No.2608）：易危（VU）。

02 须鲨目 Orectolobiformes

· 须鲨科 Orectolobidae

· 斑纹须鲨 *Orectolobus maculatus*

❖ 形态特征

斑纹须鲨，别名豆腐鲨、虎鲨。体延长，前部宽扁，后部亚圆筒形。头平扁宽大，吻宽短。眼小，椭圆形，上侧位，无瞬膜，上缘显著隆起，具2个乳头状突起。尾鳍短小，尾椎轴低平，上叶颇发达。臀鳍小，位于尾鳍前方。体棕褐色，体和鳍上具许多白色斑点和圆形或不规则花纹；背和尾上具不规则暗褐色横纹。腹面白色。

斑纹须鲨主要以鱼类、甲壳动物或软体动物为食。

❖ 分布

分布于西太平洋区，包括日本南部、中国南海与澳洲海域。

❖ 保护级别

中国物种红色名录（No.2623）：易危（VU）。

· 长尾须鲨科 Hemiscylliidae

· 条纹斑竹鲨 *Chiloscyllium plagiosum*

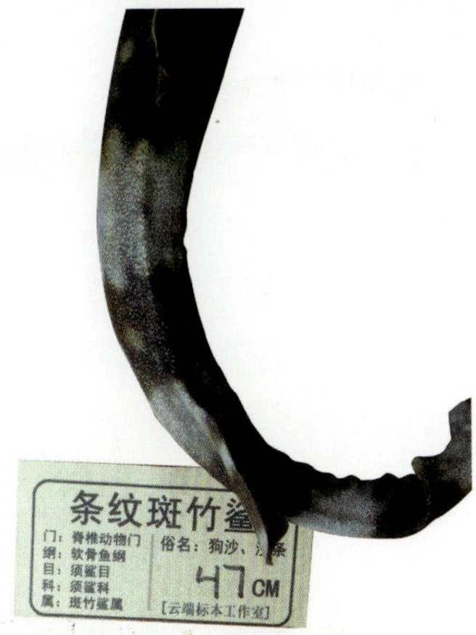

❖ 形态特征

条纹斑竹鲨，俗名狗鲨，主要栖息于沿海礁沙混合且海藻繁生的海床，生活在浅海底层多藻类生长的环境中，体色根据周围环境变化，显示保护色，行动缓慢。体形表面为灰褐色，拥有褐色横带；嘴巴为一条直线，下唇宽又扁，形成连续横褶；眼睛小且无褶膜，喷水孔常常伸至眼下。背鳍后面呈现圆钝形，下角突出不明显。

条纹斑竹鲨主要以底栖无脊椎动物及小鱼为食。

❖ 分布

分布于印度洋－太平洋海域，包括波斯湾、阿拉伯海、孟加拉湾、安达曼海和东南亚、新几内亚、日本等海域。在我国主要分布于南海、东海、台湾等海域。

❖ 保护级别

中国物种红色名录（No.2641）：易危（VU）。

· 点纹斑竹鲨 *Chiloscyllium punctatum*

❖ 形态特征

点纹斑竹鲨，主要栖息于沿海珊瑚礁区，常见于潮间带。身体呈现圆柱形或者稍微扁平，体侧有一处突出地方，称为“隆嵴”，头侧没有皮瓣，吻端显得窄窄的且为圆形。身体颜色为褐色，表面有11条棕褐色横带并散布许多小黑点。

点纹斑竹鲨主要以底栖的鱼、虾、蟹、贝类等为食物。

❖ 分布

主要分布于澳洲北部、印度尼西亚、菲律宾以及我国南海等海域。

❖ 经济利用

一般被加工为鲨鱼腌或制成鱼浆、鱼丸等，大型水族馆偶有展示。

03 真鲨目 Carcharhiniformes

· 猫鲨科 Scyliorhinidae

· 斑猫鲨 *Atelomycterus marmoratus*

❖ 形态特征

斑猫鲨，栖息于环境礁区、近海沿岸，通常停栖于缝隙或洞穴中。全身呈灰白色，覆盖着密密麻麻的深褐色斑点，集中在头部和背脊上的斑点最小也最密集，而鱼鳍上的斑点则非常硕大，部分个体还长有零星的白色斑点，尾巴极为修长，可达50厘米左右，体长最长不超1米，是北大西洋海域中体型最小的鲨鱼之一，也是其中数量最多的鲨鱼品种。

斑猫鲨主要以甲壳类和小型鱼类为食。

❖ 分布

分布于马来半岛、印度尼西亚以及我国南海等海域。

❖ 保护级别

中国物种红色名录（No.2641）：易危（VU）。

· 皱唇鲨科 Triakidae

· 白斑星鲨 *Mustelus manazo*

❖ 形态特征

白斑星鲨，栖息于潮间带至水深360米沙泥底水域的中小型鲨鱼，背面和侧面为灰褐色，沿侧线及侧线以上散布着许多不规则的白色斑点，腹面为白色，其他鳍均为褐色，边缘颜色较淡。

白斑星鲨主要以底栖无脊椎动物为食。

❖ 分布

分布于印度洋-西太平洋区，包括日本、朝鲜半岛、菲律宾、越南。中国分布于南海、东海、黄海、台湾等海域。

❖ 保护级别

世界自然保护联盟（IUCN）濒危物种红色名录：濒危（EN）。

· 真鲨科 Carcharhinidae

· 灰三齿鲨 *Triaenodon obesus*

❖ 形态特征

灰三齿鲨，栖息于沿岸水域、面海礁区或潟湖区，体型修长，头部非常扁平且宽，尾基上下方位都有一处凹洼；眼睛小而圆，瞬膜发达，没有口鼻沟、触须，唇沟短，嘴巴不张开则看不见牙齿，张开可见上下颌齿相同的牙齿，其中间是大齿尖，两侧各分布1个小齿尖，因此得名。

灰三齿鲨主要以底栖动物为食，包括鱼类、章鱼、龙虾和螃蟹。

❖ 分布

分布于红海、印度洋、太平洋西部的珊瑚礁周围的温水区（出现在水深达330米的地方）。我国分布于西沙群岛、南海诸岛海域等。

❖ 保护级别

世界自然保护联盟（IUCN）濒危物种红色名录：易危（VU）。

· 乌翅真鲨 *Carcharhinus melanopterus*

❖ 形态特征

乌翅真鲨，栖息于浅海珊瑚礁区、潮间带、近外海水域、红树林沼泽区或河口内湾。胸鳍及背鳍的顶端是黑色，下部是白色，身体上半部呈褐色。鱼体纺锤形，上颌齿宽又扁，呈现三角形，边缘有细齿且齿头向外斜。

乌翅真鲨主要以甲壳类、头足类或软体动物为食。

❖ 分布

分布于印度洋、太平洋及加勒比海珊瑚礁附近浅水区。

❖ 保护级别

中国物种红色名录（No.2656）：易危（VU）。

04 电鳐目 Torpediniformes

· 双鳍电鳐科 Narcinidae

· 舌形双鳍电鳐 *Narcine lingula*

❖ 形态特征

舌形双鳍电鳐，主要栖息于热带和亚热带海洋底层，体盘宽大，呈圆形，黑斑较大，黑斑外部有网状纹；眼睛和口较小，嘴平，可以突出，且唇部较厚，牙齿尖细，铺石状排列，齿带可以外翻。

舌形双鳍电鳐主要以底栖环节动物和甲壳类为食。

❖ 分布

在中国，分布于南海等海域。

❖ 保护级别

世界自然保护联盟（IUCN）濒危物种红色名录：易危（VU）。

· 电鳐科 Torpedinidae

· 黑斑双鳍电鳐 *Narcine maculata*

❖ 形态特征

黑斑双鳍电鳐体盘亚圆形，体宽较长。吻长而宽，前端钝圆。尾基宽扁，向后细小，侧褶很发达。头侧与胸鳍间有1对卵圆形发电器官。眼小，上侧位，眼径与喷水孔等大。鼻孔横列，前鼻瓣连合的口盖达上颌。口颇小，平横，口前有深沟，上下颌能向下突出。唇软厚，齿带翻出口外。背鳍两个，第1背鳍起点与腹鳍后端相对。体背密布小斑点和大圆暗斑。暖水性种类，为电鳐类中个体较大者，全长30厘米~40厘米。

❖ 分布

分布于印度洋、印度尼西亚。我国分布于南海、台湾海域。

❖ 保护级别

世界自然保护联盟（IUCN）濒危物种红色名录：易危（VU）。

05 鳐目 Rajiformes

· 鳐科 Rajidae

· 鲍氏瓮鳐 *Okamejei boesemani*

❖ 形态特征

鲍氏瓮鳐，体盘呈菱形，吻坚硬且尖，两眼眶距离与眼眶长度相当。尾部粗壮，其长度大于或小于尾前体长，尾部向后延伸并渐渐变细。2个背鳍大小相当，其距离大于第1背鳍基部长的一半，且通常短于基部长度。嘴稍呈拱形，体盘背面有许多刺，雄鱼鼻翼及脸颊周围刺发达。背部体色呈黑褐色，吻部半透明，背上散布不均匀的黑色斑点，斑点聚集为花环般的花纹，花纹有时会在体盘左右对称分布。腹部通常呈灰白色，浸渍标本后颜色较暗。属近底栖息性鱼类，栖息于沿岸水深约70米～90米。

❖ 分布

分布于西太平洋。

❖ 保护级别

世界自然保护联盟（IUCN）濒危物种红色名录：易危（VU）。

· 犁头鳐科 Rhinobatidae

· 颗粒蓝吻犁头鳐 *Glaucostegus granulatus*

❖ 形态特征

颗粒蓝吻犁头鳐，个体较大，分布于潮间带至外海水深119米的海底，偏向较深海域，偶然进入潮间带及咸淡水，游泳缓慢，平时常将身体半埋于泥沙中。体表颜色为赤褐色或紫褐色，吻侧面颜色为淡红色，腹部为白色；吻呈等边三角形，尾巴占据大部分，吻软骨两侧各有1行小结刺，眼内侧有1行小刺；两背鳍形状、大小相近。

颗粒蓝吻犁头鳐主要以大小型甲壳类、贝类及鱼类等底栖动物为食。

❖ 分布

分布于印度洋、印度尼西亚。我国分布于南海和东海南部等，南海产量居多。

❖ 保护级别

世界自然保护联盟（IUCN）濒危物种红色名录：极危（CR）。

· 斑纹犁头鳐 *Rhinobatos hynnicephalus*

❖ 形态特征

斑纹犁头鳐又称斑纹琵琶鲼、犁头琵琶鲼、饭匙鲨、鲂仔、香匙、犁头锉鳐。胸鳍比较宽大，基底前延，越过鼻孔前缘的水平线，达吻侧后部，前缘斜直或微凹，与后缘和里缘连续呈广圆形。腹鳍狭长，几乎与胸鳍相连，外角圆，后角钝尖微突。2个背鳍的大小和形状相同，前缘稍圆凸，后缘平直或微凹；上、下角都圆钝不突出。尾平扁，渐细狭。尾鳍短小，上叶较大，下叶不突出，后部无缺刻，低而呈广圆形。背面褐色，除背鳍、尾鳍及吻侧外，全身密布暗褐色斑点及睛状、条状或蠕虫状花纹。斑纹犁头鳐为暖温性近海底栖鱼类，栖于近海沙泥底质的底层，活动深度在20米～80米，偶然进入咸淡水。

斑纹犁头鳐属肉食性鱼类，主要摄食甲壳类、贝类以及其他底栖动物和小鱼。

❖ 分布

分布于韩国、日本南部、越南、中国沿海海域。

❖ 保护级别

世界自然保护联盟（IUCN）濒危物种红色名录：濒危（EN）。

· 尖犁头鳐科 Rhynchobatidae

· 及达尖犁头鳐 *Rhynchobatus djiddensis*

❖ 形态特征

及达尖犁头鳐，栖息于外海，于沿岸浅海域至陆棚内约50米浅水生活，偶入沙泥底潮间带、河口咸淡水及潟湖。鱼体呈三角形，吻端为尖形，体表颜色为褐色，大个体为灰褐色，胸鳍基底上有1块黑色圆斑，周围有白斑或仅上后方有1块白斑，尾侧常有1条白色纵纹。

及达尖犁头鳐主要以鱼类、贝类、虾、蟹和虾蛄等为食。

❖ 分布

分布于红海、东非、印度洋、印度尼西亚、菲律宾、日本。我国分布于南海、东海等海域。

❖ 保护级别

世界自然保护联盟（IUCN）濒危物种红色名录：极危（CR）。

· 澳洲尖犁头鳐 *Rhynchobatus australiae*

❖ 形态特征

澳洲尖犁头鳐，一般体形巨大，可达3米长，吻部突出，胸鳍宽大，尾部粗大，背鳍和尾鳍发达，尾鳍分两叶，上半叶上翘，但身体扁平，鳃腹位。为底栖性鱼类，喜栖于沙泥底质海域，有时会游入河口区。活动力差，仅能利用其强壮的尾部左右摆动，缓慢游泳于底部或将自己埋于沙中，仅露出眼睛和呼吸孔。

澳洲尖犁头鳐属肉食性鱼类，以甲壳类、鱼类等为食。

❖ 分布

分布于印度半岛以东的太平洋海域，我国见于东海和南海。

❖ 保护级别

世界自然保护联盟（IUCN）濒危物种红色名录：极危（CR）。

06 鲼形目 Mylobatiformes

· 魟科 Dasyatidae

· 黄魟 *Dasyatis bennetti*

❖ 形态特征

黄魟，大多活动于沿岸沙泥底地区，有时亦可于河口发现。体形呈亚圆形，微带斜方形，颜色为黄褐色，有的像云状斑，边缘色浅。尾巴细长，眼睛正常大小，口偏小，口底中部有3个显著乳状突出，两边各有1个小突点。幼鱼表面光滑，成鱼体背和尾上有平扁鳞和结鳞。

黄魟主要以底栖鱼类为食。

❖ 分布

分布于印度洋-西太平洋区海域，包括日本、越南、新喀里多尼亚、瓦努阿图、伊朗、印度、斯里兰卡等海域。在中国分布于东海、南海、台湾沿海。

❖ 保护级别

国家重点保护野生动物等级：二级（仅限陆封种群）。

· 赤魟 *Dasyatis akajei*

❖ 形态特征

赤魟，栖息于近海泥沙质的海底。体形呈亚圆形，体盘占据全身的绝大部分，颜色为赤黄色，中央部分浅。赤魟口偏小，口底中部有3个显著乳状突出，两边各有1个小突点，牙齿细小且为扁平状，铺石状排列，尾巴细长如鞭子。

赤魟主要以底栖贝类和甲壳类等为食。

❖ 分布

分布于西太平洋区，包括日本南部和朝鲜半岛西南部以及越南、柬埔寨、菲律宾、泰国、马来西亚、斐济、图瓦卢等海域。在中国主要分布于南海、东海和台湾海域，也溯西江到达南宁。

❖ 保护级别

中国物种红色名录（No.2739）：濒危（EN）。

· 迈氏条尾魟 *Taeniura meyeni*

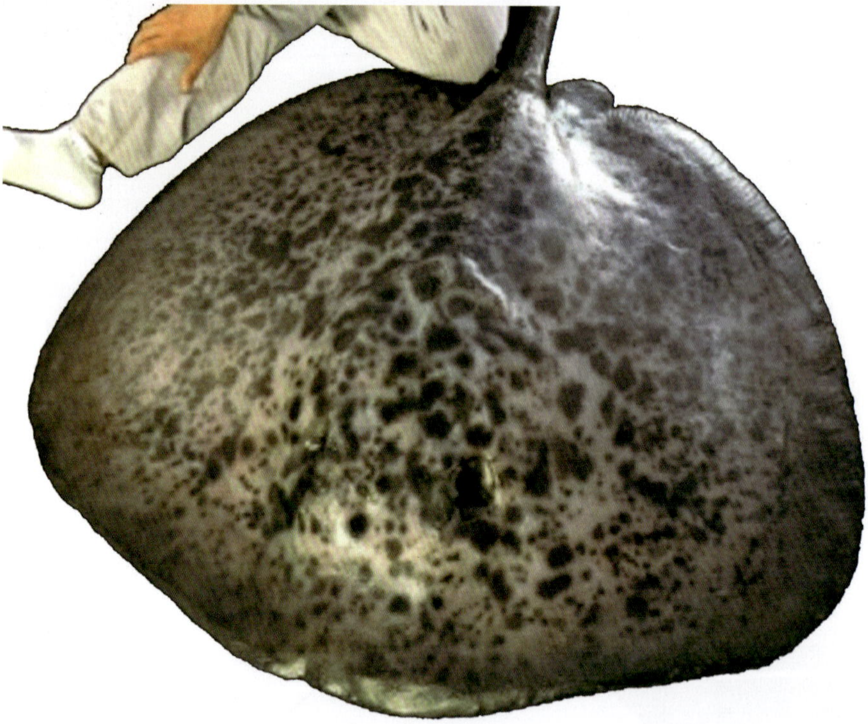

❖ 形态特征

迈氏条尾魟，栖息于珊瑚礁、浅潟湖中的沙质底部及礁石外坡，深度从浅水区到500米不等，通常生活在20米~60米的深度。迈氏条尾魟有1个扁平的圆形圆盘，胸鳍宽展开，与头部和圆盘相连，圆盘上和身上均没有刺；有1个突出的深腹侧皮肤皱褶延伸到尾巴的尖端；窄尾巴与身体明显分开，完好无损时，凹陷的尾巴会比圆盘稍长。

迈氏条尾魟主要以底栖鱼类、双壳类、螃蟹和虾为食。

❖ 分布

分布于红海、印度洋、印度尼西亚以及我国南海等海域。

❖ 保护级别

世界自然保护联盟（IUCN）濒危物种红色名录：易危（VU）。

· 花点窄尾魟 *Himantura uarnak*

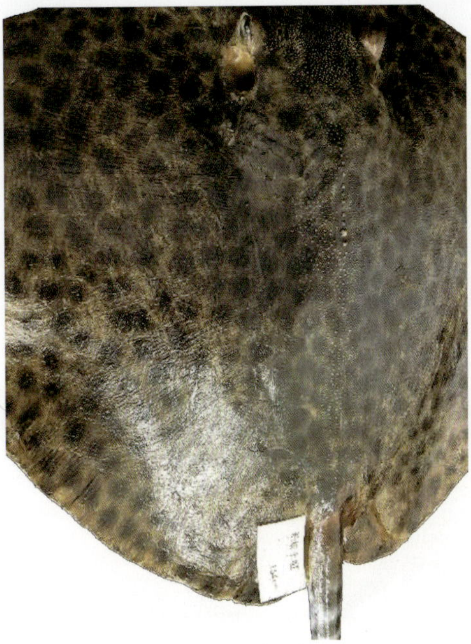

❖ 形态特征

花点窄尾魟，大多活动于沿岸的沙泥底海域，亦常随高潮进入河口区或更浅的潟湖区，甚至也可被发现于珊瑚礁区的沙泥地。活动深度在5米~50米间。体盘为菱形，幼体背部中央自鳃区到肩带区有一小群圆锥形小棘，中央1列较大，且为黄色；成鱼小棘的分布扩大，甚至整个尾部都有棘。幼鱼体背面白色而布满黑点，随成长而渐呈灰色，但仍布满黑点；成鱼则呈淡褐色，且黑点扩大成豹纹斑或云状斑纹。腹面颜色淡白，边区褐色，尾部有黑白相间之色环，延伸至尾部末端。

花点窄尾魟主要以小鱼、底栖虾蟹、蠕虫及水母等为食。

❖ 分布

分布于红海、印度洋、马来群岛、印度尼西亚。我国分布于南海和东海南部等。

❖ 保护级别

世界自然保护联盟（IUCN）濒危物种红色名录：濒危（EN）。

· 糙沙粒魟 *Urogymnus asperrimus*

❖ 形态特征

糙沙粒魟，大多活动在沿岸的沙泥底海域，亦常随高潮而进入河口区或更浅的湖区，甚至也可被发现在珊瑚礁区的沙泥地。活动深度在5米~50米间。体盘为卵圆形，背部中央和边缘呈黄褐色，无背鳍、臀鳍及尾鳍，且没有尾棘，但背部中央有许多小棘。

糙沙粒魟主要以小鱼、底栖虾蟹、蠕虫及水母等为食。

❖ 分布

分布于红海、印度洋、西太平洋。中国只见于南海、台湾海域。

❖ 保护级别

世界自然保护联盟（IUCN）濒危物种红色名录：濒危（EN）。

· 齐氏窄尾魟 *Himantura gerrardi*

❖ 形态特征

齐氏窄尾魟体盘为亚圆形，微带斜方形，前缘与吻端成60度，幼体光滑，成鱼背面及尾部尚有许多排结鳞，背面褐色散布有许多黄色（液浸后呈白色）圆斑，腹鳍边缘黄色，尾巴为黑黄交叠环纹，黄色稍狭，共约50环。

齐氏窄尾魟主要以底栖甲壳类为食。

❖ 分布

主要分布于红海、印度洋、印度尼西亚、日本南部。我国分布于南海等海域。

❖ 保护级别

世界自然保护联盟（IUCN）濒危物种红色名录：濒危（EN）。

· 古氏新魟 *Neotrygon kuhlii*

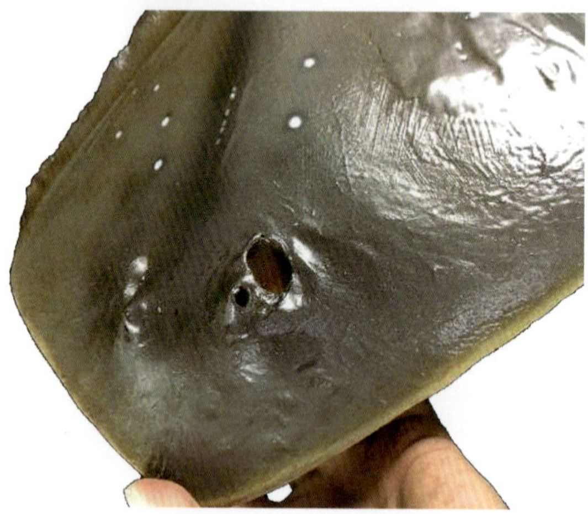

❖ 形态特征

古氏新魟，偶尔在潮汐中移动到礁滩和潟湖，独居，通常生活在深水（90米）的沙质底部，靠近岩石栖息地和珊瑚礁。体盘为卵菱形，前缘斜直，与吻端成60度~70度，古氏新魟幼体光滑，稍大者背上肩带区正中有平扁结鳞，成体自头后至尾刺前方有结鳞1纵行。

古氏新魟主要以螃蟹、虾和小鱼为食。

❖ 分布

分布于印度-西太平洋区，包括日本、越南、柬埔寨、泰国、印度尼西亚、马来西亚、缅甸、密克罗尼西亚、新几内亚、菲律宾、帕劳、关岛、库克群岛、加罗林群岛、汤加、新喀里多尼亚、萨摩亚群岛、瓦努阿图、伊朗、印度、斯里兰卡、东非、毛里求斯等海域。在中国主要分布在台湾北部、南部等海域。

❖ 经济利用

中小型次要经济鱼类。

· 尖嘴魟 *Dasyatis zugei*

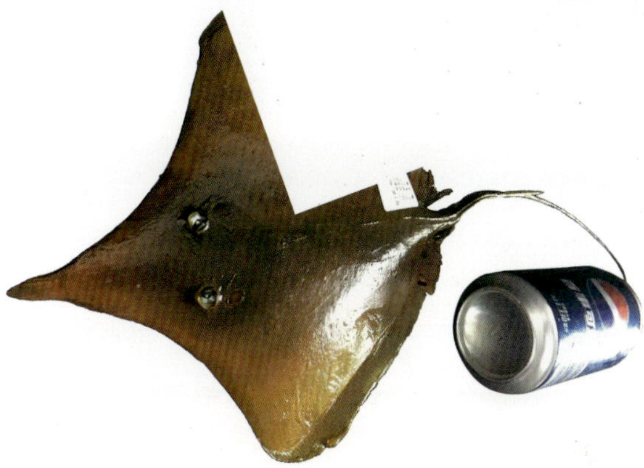

❖ 形态特征

尖嘴魟，体盘圆形带斜方形，体盘宽比长稍大。尾细长如鞭，侧褶消失。吻部尖长，吻软骨消失。眼小，微突起，喷水孔中大。鼻孔横列，前鼻瓣连合为口盖，几伸达口隅。口小，平横，上下颌凹凸相承。口前吻长比口宽约大4倍。口底无乳突，齿细小密列。背面赤褐色，边缘较淡，腹面淡白，边缘灰褐色。为暖水性近海底栖小型次要经济鱼类，体长50厘米左右。浅海鱼类，生活在比较近海的沙泥海域中，亦常进入河口区。属于卵胎生鱼类，一次可以产下好几尾小土魟。幼鱼时期大多在沿海海域生活，长大后会在近海海域集体生活。

尖嘴魟主要以底栖甲壳类为食。

❖ 分布

分布于印度-西太平洋，东起印度，北至日本，南至澳大利亚。在我国分布于南海北部、西部、西南部等海域。

❖ 保护级别

世界自然保护联盟（IUCN）濒危物种红色名录：易危（VU）。

· 短尾魟 *Dasyatis brevicaudata*

❖ 形态特征

短尾魟体长最大可达430厘米、体重达350千克，很大且很厚，带有钝角的鼻子。胸间盘有圆形的尖端，长鞭状尾巴基部较厚，在成年标本中与身体等长或短（在年轻个体中，尾巴比身体长）。它的尾鳍小但长，下部不完全到达尾尖。体表灰褐色或蓝灰色，胸鳍底部有一排浅蓝色的小斑点，腹面是白色的，尾巴没有明显的痕迹。短尾魟的牙齿以路面的方式排列，并延伸到整个嘴的宽度，2个颚包含形状类似的菱形牙齿。位于后行的牙齿有宽而圆的尖头。在口腔底部、下牙板后面，有5个口腔乳头横向排列，其中3个乳头位于内侧，稍向前，两侧各有1个乳头。它们的尾巴上通常有两根刺，但没有攻击性，只有在受到惊吓或威胁时才会对人类造成伤害。短尾魟是底栖动物，生活在咸淡水和海水中，深度为476米。栖息于在外海架和最上面的斜坡上，偶尔也靠近海岸。喜欢在沙底、海湾、港口和岩石礁附近。一般行动缓慢，但如果受到威胁，它们可以迅速拍打胸鳍，产生小的冲击波（气穴）。

短尾魟主食鱼类、双壳类、鱿鱼和甲壳类动物。

❖ 分布

分布于印度至西太平洋地区的水域，包括莫桑比克南部和南非，以及新西兰和澳大利亚沿海。

❖ 经济利用

短尾魟是野味鱼，主要以拖网、围网等方式捕获。短尾魟还可以作为公共水族馆展示鱼。

· 鲼科 Myliobatidae

· 无斑鹞鲼 *Aetobatus flagellum*

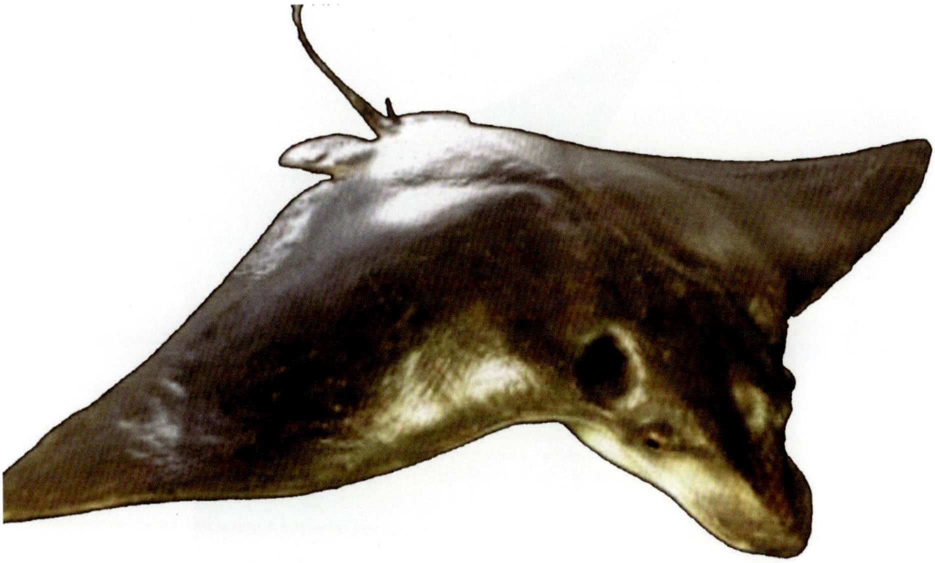

❖ 形态特征

无斑鹞鲼，栖息于近海底层，偶可进入咸淡水。吻端较长，呈三角形，体表光滑，颜色为褐色或赤褐色，无黑色或黑色斑点，边缘为灰褐色，腹面为白色，口地面乳状突出1行，细又多，牙齿平扁宽大，上、下颌齿各有1纵行。

无斑鹞鲼主要以贝类为食物。

❖ 分布

分布于红海、印度洋和太平洋西部的热带和温带各海区。在我国分布于南海、东海等海域，常见于我国广东沿海。

❖ 保护级别

世界自然保护联盟（IUCN）濒危物种红色名录：濒危（EN）。

· 日本蝠鲼 *Mobula japanica*

❖ 形态特征

日本蝠鲼，为沿海地区常见鱼类，栖息于近海底层，偶可进入咸淡水。身体扁平，体盘比较宽，背部为深蓝色或黑色，腹部为白色，头鳍内部表面为银灰色，尖端黑色，外部表面与眼睛后侧为白色，尾部带刺。

日本蝠鲼主要以浮游甲壳类为食，也食用小型成群鱼类。

❖ 分布

分布于日本、朝鲜、夏威夷群岛。在我国分布于南海、东海等海域。

❖ 保护级别

中国物种红色名录（No.2753）：濒危（EN）。

· 无刺蝠鲼 *Mobula diabolus*

❖ 形态特征

无刺蝠鲼是一种软骨鱼，也被称为“魔鬼鱼”，由于栖息环境恶化，数量逐渐减少。表面粗糙，颜色为黑褐色，头鳍内侧黑褐色，外侧白色，尾巴偏细，比体盘长，并无尾刺。

无刺蝠鲼主要以甲壳动物或成群的小鱼小虾为食。

❖ 分布

分布于印度尼西亚。在我国分布于南海等海域。

❖ 保护级别

中国物种红色名录（No.2751）：濒危（EN）。

· 鸢鲼 *Myliobatis tobijei*

❖ 形态特征

鸢鲼，眼椭圆形，上侧位。喷水孔上侧位，近斜方形，上缘向外扩展，盖于孔上，尾细长如鞭，尾长约为体盘长的2倍，前缘圆凸，后缘浅凹，里缘圆凸，外角钝圆。体光滑，尾粗糙具细鳞。背面花白，隐具暗色和浅色横纹。鸢鲼虽是底层鱼类，但运用翅膀状的胸鳍，在不同水层中游动。卵胎生，母体子宫壁富含血管的绒毛乳突，分泌营养物质，经胎儿口和喷水孔进入，亦能借胎儿外鳃鳃丝吸收，当外鳃消失后吸取卵黄发育。

鸢鲼摄食底栖贝类、甲壳动物和小鱼。

❖ 分布

分布于我国的南海南部和东海、黄海、渤海。

❖ 保护级别

世界自然保护联盟（IUCN）濒危物种红色名录：易危（VU）。

· 团扇鳐科 Platyrhinidae

· 汤氏团扇鳐 *Platyrhina tangi*

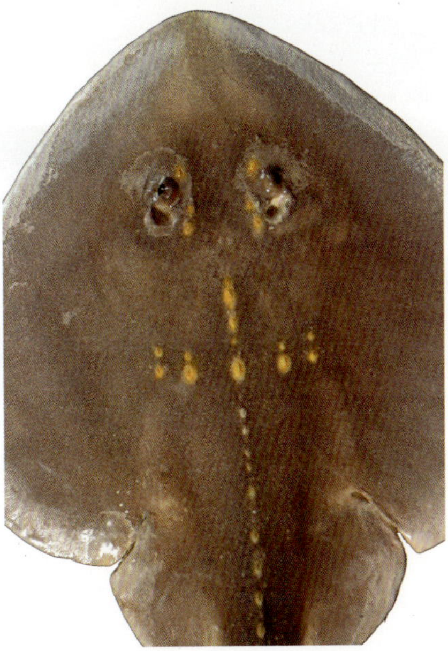

❖ 形态特征

汤氏团扇鳐，为沿海地区常见鱼类，喜栖于沙泥底质海域，活动力差，仅能利用其强壮尾部左右摆动前进，故常蛰伏于底层，伺机捕捉食物。体形为近圆形，颜色为棕褐色或灰褐色，体上各鳍刺基底橙黄色，腹面白色，尾部为粗圆形，并且越往后越细。

❖ 分布

分布于西北太平洋，日本南部、韩国、越南北部等海域。在我国分布于南海及台湾南部海域。

❖ 保护级别

世界自然保护联盟（IUCN）濒危物种红色名录：易危（VU）。

07 海鲢目 Elopiformes

· 大海鲢科 Megalopidae

· 大海鲢 *Megalops cyprinoides*

❖ 形态特征

大海鲢，栖息于热带和亚热带海区，泳鳔来当作辅助呼吸器官，有时进入河口淡水中，各河川之下游及河口常可发现。体侧偏扁，颜色为深绿色，侧线下银白色，吻端灰绿色，各鳍淡黄色，体被有大圆鳞，胸鳍基底有腋鳞，该鱼种眼睛大，脂眼睑窄，下颌突出。

大海鲢主要以小虾、小鱼为食。

❖ 分布

分布于印度洋-太平洋区，包括红海、非洲东岸和南岸、菲律宾、韩国、澳大利亚、社会群岛、印尼、美拉尼西亚、密克罗尼西亚、波利尼西亚、日本。在中国分布于台湾及南海和东海等海域。

❖ 经济利用

食用鱼，但味道较差且多刺，通常腌渍成咸鱼。

· 大眼海鲢 *Megalops cyprinoides*

❖ 形态特征

大眼海鲢，体长而侧扁，背缘较平直，腹缘微凸，尾柄宽短，尾柄长略小于尾柄高。头大，头长与体高略相等，背鳍在体背中央，最后1根鳍条延长为丝状，腹鳍起点在背鳍起点下方，臀鳍前半部鳍条较后半部鳍条为长。体背部青灰色，腹部银白色，吻端青灰色，各鳍淡色。背鳍与尾鳍边缘暗，体长可达90厘米。幼鱼期经柳叶状变态。主要栖息在近海沿岸，亦可进入河口及河川下游等淡水流域，栖息深度在1米～30米的水层。环境适应力强，可利用泳鳔辅助呼吸。

大眼海鲢主要以小型游泳动物为食。

❖ 分布

分布于印度-西太平洋，自红海至社会群岛，北到日本与韩国、南到澳大利亚。在中国各沿海均可寻踪觅迹。

❖ 经济利用

具经济性，可食用，可观赏。

08 鳗鲡目 Anguilliformes

· 海鳝科 Muraenidae

· 白斑裸胸鳝 *Gymnothorax leucostigma*

❖ **形态特征**

白斑裸胸鳝，栖息于水较浅的岩礁区洞穴内，鱼体呈红褐色，体侧有4行~5行白色云状斑，尾部则有1行~3行大多大于眼径大小的白斑，斑不成云状，下颌腹面、胸部及腹面没有白色斑点，口角有一条黑色横纹，鳃孔为黑色，牙齿锐利。体长可达80厘米。

白斑裸胸鳝主要以甲壳类、鱼类为食。

❖ **分布**

分布于西太平洋、南日本、我国南海、澳大利亚、新西兰等海域。

❖ **保护级别**

中国物种红色名录（No.2773）：易危（VU）。

· 匀斑裸胸鳝 *Gymnothorax reevesii*

❖ 形态特征

匀斑裸胸鳝，栖息于礁石海岸区，鱼体较长且粗壮，幼鱼体暗褐色，略带红紫，成鱼体色由黄褐色至红褐色，体表有大小斑点，口裂较大，两颌齿均单行。

匀斑裸胸鳝主要以甲壳类、鱼类为食。

❖ 分布

分布于西北太平洋区。在我国分布于西沙群岛、海南岛和广东沿海海域。

❖ 经济利用

可食用鱼。

· 裸锄裸胸鳝 *Gymnothorax nudivomer*

❖ 形态特征

裸锄裸胸鳝，栖息于珊瑚礁区间的洞穴或礁石与沙地所形成的缝隙中，鱼体侧横带呈暗褐色并有白边，各横带背腹相连形成完整环状，共有13条横带，环状横带之间及头部都有黑点，与网纹裸胸鳝相似，但本种体高较低，头部也较短，该鱼种牙齿锐利，体长可达60厘米以上。

裸锄裸胸鳝主要以头足类、鱼类为食。

❖ 分布

分布于印度洋-太平洋海域、美国夏威夷海域等海域。在我国，分布于南海、台湾海域。

· 蛇鳗科 Ophichthidae

· 须唇短体蛇鳗 *Brachysomophis cirrocheilos*

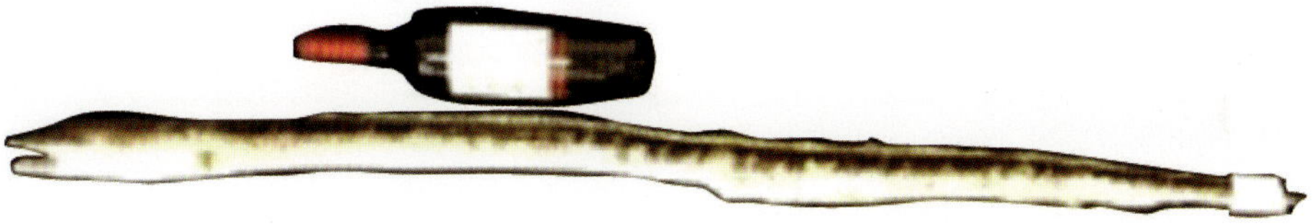

❖ 形态特征

须唇短体蛇鳗，栖息于沙泥质靠近岸礁的海底，鱼体有不规则的深咖啡色之斑纹，臀鳍、背鳍有黑边，鳍为黄色。该鱼种体长且为圆柱形，胸鳍很小，甚至没有。口裂大，远超过眼之后缘，眼睛很小。

须唇短体蛇鳗主要以甲壳类、鱼类为食。

❖ 分布

分布于印度-西太平洋区，包括红海、东非、日本、新几内亚、澳大利亚、印度尼西亚。我国分布于台湾等海域。

❖ 经济利用

罕见蛇鳗类。

· 康吉鳗科 Congridae

· 大斑园鳗 *Gorgasia maculata*

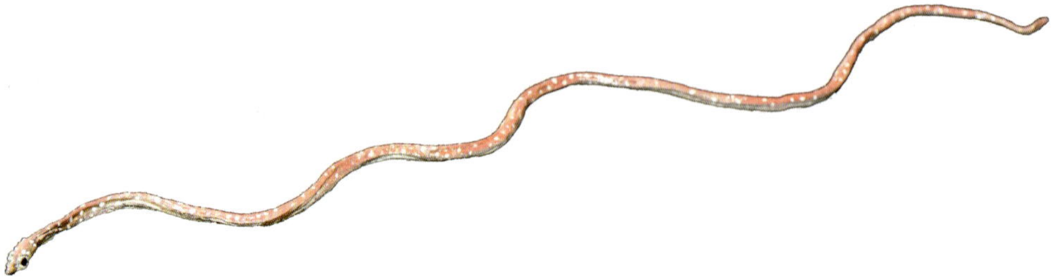

❖ **形态特征**

大斑园鳗，体呈灰色，两侧各有1排白色斑点，靠近头部位置，有1个白色大斑块。与其他花园鳗一样，大斑园鳗用尾部在沙里挖洞，然后住在洞中，露出上半身拦截水中的食物，一旦受到惊扰，会迅速缩回沙中。

❖ **分布**

分布于自印度洋非洲东南海岸至太平洋中部社会群岛等海域，北至日本，南至澳大利亚。在中国分布于海南岛、西沙群岛、南海北部。

❖ **经济利用**

水族馆观赏鱼类。

· 横带园鳗 *Gorgasia preclara*

❖ 形态特征

横带园鳗又称黄金花园鳗、橙花园鳗、橙线花园沙鳗，身体细长鲜艳，大部分埋在沙里，只露出上半身随海流晃动，成群会呈现“海底花园”的奇观。颜色为白色带有金黄色环纹，十分漂亮。身体细长，用尾部在沙中挖洞生存，在野外以群体形式生活，生活在有水流的地方黄金花园鳗虽然也叫花园鳗，但与一般花园鳗不是一个属的物种，习性与异康吉鳗属几乎一模一样，其天敌包括魟和鲼，也会被海豚捕食。

横带园鳗以水中的有机碎屑为食。

❖ 分布

分布于太平洋和印度洋的浅海海域。

❖ 经济利用

观赏鱼。

· 哈氏异康吉鳗 *Heteroconger hassi*

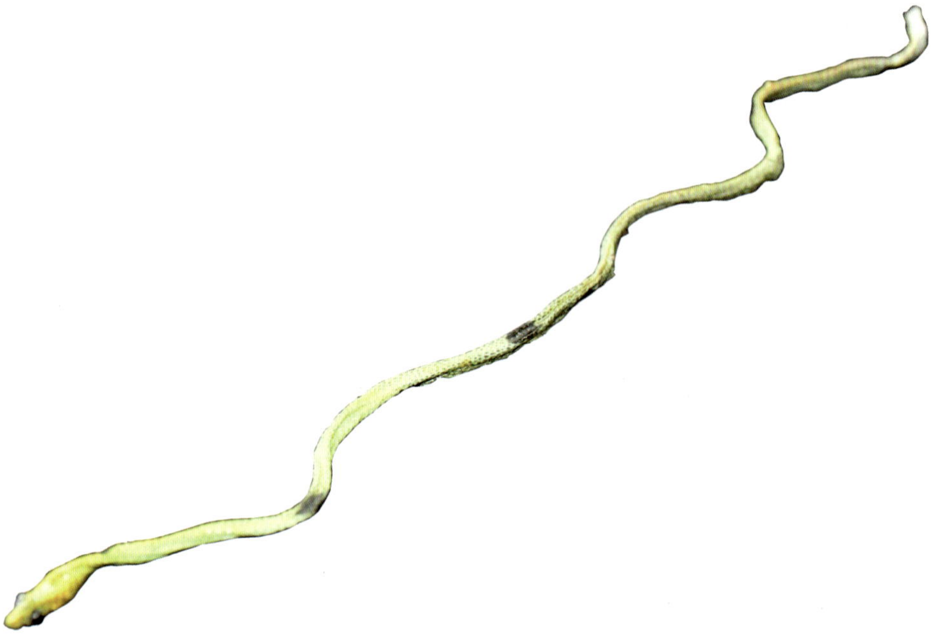

❖ 形态特征

哈氏异康吉鳗，体长呈管状，口小。鱼体灰白色，并布满黑色小点，特征是两侧鳃孔与体中央1/4处共有3块较大黑斑。生活于7米～45米海域，性情害羞胆小，躲藏于偶有强流的礁沙混合区的沙地中，只露出身体前半段在水层中，顶着潮流的方向，攫取水流所带来的生物，遇大型生物经过则全身没入沙中躲藏。

哈氏异康吉鳗具有肉食性，以浮游动物为食。

❖ 分布

分布于印度洋-太平洋热带海域。在我国分布于南海南部及台湾海域。

❖ 经济利用

观赏鱼。

· 鯙科 Muraenidae

· 豆点裸胸鳝 *Gymnothorax favagineus*

❖ 形态特征

豆点裸胸鳝，又名大斑裸胸鯙、黑斑裸胸鯙，俗名薯鳗、钱鳗。体色淡或灰白，体表有许多圆形的黑色大斑点，背部和侧面的圆点较大，头部斑点小而密，且形状较不规则。牙齿锐利，可以严重伤害对手。体型侧扁修长，头部及尾部尤其侧扁。上颌骨有齿3列，背鳍起于鳃部圆孔上方，尾端浑圆。体长可超过1米。生活在水深0米～40米。该鱼种栖息在热带珊瑚礁的缝隙中，为夜出昼伏的鱼类，嗅觉灵敏但视觉不佳，游泳能力不强，具有领域性，性情凶猛。

豆点裸胸鳝以其他鱼类、甲壳类为食。

❖ 分布

本鱼分布于印度洋-太平洋温暖海域，包括红海、南非、留尼汪、马达加斯加、科摩罗、毛里求斯、阿拉伯海、印度、斯里兰卡、缅甸、泰国、越南、日本、中国、菲律宾、印度尼西亚、澳洲、马尔代夫等海域。

❖ 经济利用

属经济性食用鱼类、观赏鱼类，也可当作中药材。

09 鲱形目 Clupeiformes

· 鲱科 Clupeidae

· 斑鰶 *Konosirus punctatus*

❖ 形态特征

斑鰶，栖息于沿海港湾和河口水深5米~15米处，鱼体为椭圆形，侧面偏扁，头、体背边缘为青绿色，体侧、腹部为银白色。鳃盖后部边缘光滑，鳃耙致密而长，并形成鳃上器官；身体被有较大的圆鳞，腹部棱鳞形状为锯齿状，胸鳍基、腹鳍基都有短腋鳞。

斑鰶主要以浮游植物和浮游动物为食。

❖ 分布

分布于西北太平洋区，包括日本和中国海域。我国分布于东海、南海、台湾、香港等海域。

❖ 保护级别

中国物种红色名录（No.2844）：易危（VU）。

· 花点鲥 *Hilsa kelee*

❖ 形态特征

花点鲥，体高而侧扁，腹部有强棱鳞；口大，上颌中央有明显缺刻；头顶有许多纵行线纹；鳃耙细长而多，内侧内外弯曲；背鳍鳍条16根～17根；纵列鳞39片～44片，鳞穿孔，体侧有4个～10个黑斑。属暖水性中上层鱼类，栖息深度约为10米。

❖ 分布

分布于印度洋、西太平洋热带沿岸海域。

❖ 经济利用

食用鱼。

· 黄泽小沙丁鱼 *Sardinella lemuru*

❖ 形态特征

黄泽小沙丁鱼，体略呈纺锤形，口小，脂眼睑发达。鳞片易脱落，腹缘侧扁且棱鳞尖锐。体为银白色，背部颜色较暗，鳃孔后有一块不明显金黄斑，体侧有一块不明显金黄纵带。尾鳍叉形。生活于15米～100米海域，属表层洄游性鱼类，活动性强，对低盐度的水耐受力极强，为广盐性鱼类。繁殖期为春季，产浮性卵。

黄泽小沙丁鱼具有杂食性，以浮游动、植物为食。

❖ 分布

分布于印度洋东部及西太平洋热带海域。在我国分布于南海海域。

❖ 保护级别

中国物种红色名录（No.2836）：易危（VU）。

· 花鰶 *Clupanodon thrissa*

❖ 形态特征

花鰶，体为长椭圆形，侧扁，背缘和腹缘均窄，头中大，吻部短且圆钝。尾部侧扁，尾柄长小于高。眼中大，近侧中位，脂眼睑较发达，眼间隔略凸。鼻孔每侧两个。口较小，端位，口裂斜，上颌和下颌约等长，前上颌骨中央具明显缺刻，上颌骨后端伸达眼中部下方，上、下颌无齿。鳃孔大，鳃盖骨后缘光滑，鳃盖膜不与峡部相连。体被较小网鳞，头部无鳞。胸鳍和腹鳍基部均有具短腋鳞，腹缘具锯齿状的棱鳞。最后1根鳍条延长呈丝状，向后伸达臀鳍最后1根鳍条末端上方。尾鳍叉形。臀鳍起点位于背鳍基底后下方，鳍条短小。腹鳍小，近腹缘。胸鳍侧下位。体侧和腹部银白色，背部青绿色，头顶部黄黑色，吻端和下颌具许多黑色小点。生活在近海、咸淡水交汇处以及河口水深50米以浅的上层水域，产卵期在5月～6月。

花鰶摄食浮游硅藻和小型甲壳类。

❖ 分布

分布于中国、菲律宾、泰国、越南。在中国分布于沿海地区，南起海南，北至福建，可进入珠江的咸淡水中。

❖ 保护级别

中国物种红色名录（No.2844）：易危（VU）。

· 鳀科 Engraulidae

· 凤鲚 *Coilia mystus*

❖ 形态特征

凤鲚又名凤尾鱼、子鲚鱼、烤子鱼，栖息于河口区、沼泽区及内湾区。鱼体长且偏扁，越往后越细，腹部棱鳞显著，吻端偏短为圆形突起，约等于眼径的大小，上颌骨后可延伸达到胸鳍的基部，上颌骨下部边缘有细锯齿。

凤鲚主要以无脊椎动物为食。

❖ 分布

分布于印度洋北部沿海和朝鲜、日本、印度尼西亚。在中国广泛分布于沿海海域。

❖ 经济利用

非主要经济鱼种。

· 锯腹鳓科 Pristigasteridae

· 鳓 *Ilisha elongata*

❖ 形态特征

鳓在黄昏、夜间、黎明和阴天喜栖息于中上层水域，白天多活动于中下层水域。鱼体为淡黄色，一般多见于大黄鱼栖息处，头较短，鳃耙粗且短，边缘有小刺，且上方没有黑斑，头顶平坦，但有菱形降起棱。

幼鱼以桡足类、箭虫、磷虾、蟹类幼体为食，成鱼则以虾类、头足类、多毛类和鱼类为食。

❖ 分布

分布于俄罗斯大彼得湾海域、日本海域、朝鲜半岛海域。在我国，广泛分布于沿海海域。

❖ 经济利用

可食用鱼。

· 宝刀鱼科 Chirocentridae

· 宝刀鱼 *Chirocentrus dorab*

❖ 形态特征

宝刀鱼，体长，甚侧扁，形似长刀，体重300克~700克。口较大，前上位，下颌稍向前上方突出。口裂倾斜。上颌骨伸不达前鳃盖骨，上颌中央有2颗犬牙，侧牙细小，下颌有强大犬牙。眼大，被薄的脂眼睑。体密被细小圆鳞，极易脱落。头和背为蓝绿色，头侧和体侧为银白色。背鳍1个，位于体后方，与臀鳍起点相对；胸鳍位低，腹鳍特小；尾鳍深叉形。属于海洋暖水性中上层鱼类。宝刀鱼不结成大群，故渔期不集中。

❖ 分布

分布于中国南海、东海。国外见于日本、马来群岛、澳大利亚东南海域以及中南半岛、印度、红海和非洲东岸等海域。

❖ 经济利用

产量不多，可供食用，产品大都供鲜食。4月~5月、9月~11月产出较多。

10 鲇形目 Siluriformes

· 鳗鲇科 Plotosidae

· 线纹鳗鲇 *Plotosus lineatus*

❖ 形态特征

线纹鳗鲇是一种海鱼，栖息于潮池、河口域或开放性的沿岸海域。鱼体长可达20厘米，鱼体修长，头部略微平扁，腹部圆，后半部侧扁，尾尖如同鳗尾。该鱼种最显著的标志是鱼身体有1根非常明显的白线，从鱼头贯穿鱼尾。该鱼种有毒，背鳍及胸鳍的第一根为剧毒线之硬棘，其毒刺所分泌的毒液含有鳗鲇神经毒和鳗鲇溶血毒，一旦被刺到，会引起长达数10小时的抽痛、痉挛以及麻痹，甚至还会引起破伤风。

线纹鳗鲇主要以小鱼、小虾为食。

❖ 分布

分布于印度-太平洋区，包括东非、红海、萨摩亚、韩国、日本、中国南海、澳大利亚、罗德豪岛等海域。

❖ 经济利用

可养于水族缸供观赏，有毒而无食用价值，往往不为钓客所喜。

11 仙女鱼目 Aulopiformes

· 狗母鱼科 Synodontidae

· 多齿蛇鲻 *Saurida tumbil*

❖ 形态特征

多齿蛇鲻，栖息于沙泥底质的海域，背部为棕色，体侧为淡棕色，腹部为白色，背鳍、胸鳍和尾鳍的后部边缘为黑色，腹鳍和臀鳍均为白色。鱼体为圆筒形，从头到尾越来越细，头粗而圆，脂眼睑较发达，上、下颌大小基本相等。

多齿蛇鲻主要以小鱼和底栖无脊椎动物为食。

❖ 分布

分布于澳大利亚东北部、印度尼西亚、菲律宾、马来半岛、红海、非洲东岸。在我国分布于南海、东海等海域。

❖ 经济利用

食用鱼，可腌制成鲨鱼烟，制成鱼浆或鱼丸。

· 长体蛇鲻 *Saurida elongata*

❖ 形态特征

长体蛇鲻，栖息于沿岸的浅海沙泥海床，体长呈圆柱形，口大且有利齿。鱼体淡黄褐色，有1条黄色纵带，侧线上有9个模糊的斑块，各鳍膜均有淡橙色斑纹，具有由皮肤和脂肪构成的鳍状突起，即“脂鳍”，尾鳍形状为叉形。

长体蛇鲻主要以小鱼及小型底栖无脊椎动物为食。

❖ 分布

分布于太平洋西北区。我国分布于南海和台湾海域。

❖ 经济利用

可食用，一般做成鱼松。

· 大头狗母鱼 *Trachinocephalus myops*

❖ 形态特征

大头狗母鱼，别名公奎龙、海乌狮、沙头棍，眼中等大，位高，前后缘有狭长的脂眼睑。口大，上下颌、腭骨和舌有尖锐齿带，犁骨无齿，体被圆鳞。背鳍位于腹鳍基部的后上方，脂鳍位于臀鳍基底后部的上方。胸鳍小，腹鳍条数为8条，内侧鳍条长于外侧鳍条，尾鳍深叉状。头背部有红色网状花纹，沿体侧有12条～13条灰色纵纹和3条～4条黄色细纹相间。体被小圆鳞，两侧各有3条蓝色横线。背鳍基部有1条黄色纵纹，腹鳍上有1条斜走的黄纹。臀鳍与胸鳍白色，尾鳍微呈黄绿色。生活在暖温性近海的底层，尤喜在沙泥底质处活动。1龄～2龄鱼达性成熟。每年1月～3月为产卵期。

大头狗母鱼摄食鱼类、头足类、长尾类、短尾类、口足类，以鱼类为主。

❖ 分布

分布于印度洋、太平洋、大西洋，在我国分布于东海和南海。

❖ 经济利用

中国经济鱼类之一，肉厚，营养丰富。

12 鮟鱇目 Lophiiformes

· 蝙蝠鱼科 Ogcocephalidae

· 棘茄鱼 *Halieutaea stellata*

❖ 形态特征

棘茄鱼，栖息于海湾滩涂以及沙泥底质的浅海底部。体背颜色为红褐色，有许多黑色小点，连成网状纹，腹面白色。体盘平扁，呈圆形，吻端短而不突出，有吻棘，背面密被强棘，腹面有绒毛状细棘，体盘及尾部边缘处则有分叉棘。

棘茄鱼主要以小鱼、底栖动物为食。

❖ 分布

分布于朝鲜、日本、印度洋北部沿岸、印度尼西亚。在中国分布于南海、东海、黄海等海域。

❖ 经济利用

可作药用，不作为观赏鱼。

· 环纹海蝠鱼 *Malthopsis annulifera*

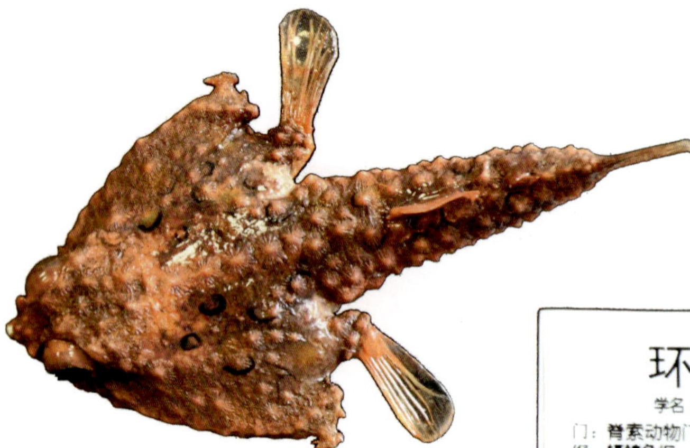

❖ 形态特征

环纹海蝠鱼，体呈平扁箭头形，吻棘特别发达，呈向前突出的小尖棘，头三角形，下鳃盖骨于头侧有一或多枚突出棘。口前位，犁骨、腭骨及舌具齿，体被以大小不等的、密接的骨持突起，有一些圆盾状的鳞，上有许多小结节，自中心向四周排成放射状。背鳍位于肛门后方、尾部背侧，胸鳍、大腹鳍喉位，较大鳃孔较小，位于胸鳍内侧背方，鳃两对，具鳃耙，吻触手仅为简单的球状，无伪鳃。下鳃盖骨有钩状棘，前头部有2行骨质结节，腹鳍基底前部到肛门间散布有少数骨质结节，背鳍4个～5个，体背有5圈～12圈黑环状圈纹。

❖ 分布

分布于中国、日本及菲律宾。在我国分布于南海南部及东海外海。

❖ 经济利用

海洋生态鱼类。

· 躄鱼科 Antennariidae

· 康氏躄鱼 *Antennarius commerson*

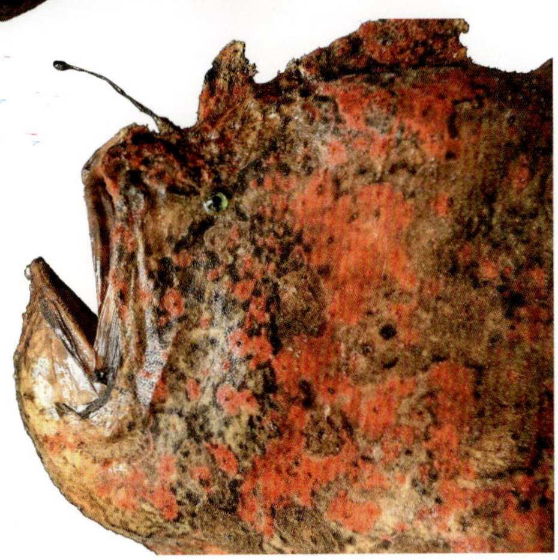

❖ **形态特征**

康氏躄鱼，栖息于潟湖或向海礁区，栖息水层自表层到45米深的海域，大多在约20米深的海域生活。鱼体为粉红色，有许多暗褐色的细小斑纹，并有2个较大的眼状斑，位于背鳍基底1/3处和胸鳍基后方体侧。

康氏躄鱼主要以小鱼为食。

❖ **分布**

日本南部海域，印度洋-太平洋热带水域。我国分布于南海、台湾海域。

❖ **经济利用**

可作为观赏鱼。

· 裸躄鱼 *Histrio histrio*

❖ 形态特征

裸躄鱼，体侧扁，卵圆形。头高大，以第3背鳍棘基部处的头部最高。体腹部突出，尾柄较短，吻部较短，稍大于眼径。眼较小，眼间隔宽而隆起。口前上位，口裂斜裂而大。前颌骨发达，可伸出。上、下颌具多行细尖锐齿，内行齿较大。具腭骨齿，单行，较大而尖锐。鳃孔小，圆孔状。鳃丝发达，鳃耙退化。尾鳍后缘圆形。体灰白色，具不规则的黑色网状带纹，腹部具不规则黑色斑，各鳍具不规则的横带和黑斑。属暖水性近海底层小型鱼类。栖息于浅海滩涂或岩礁区。挥动吻触手引诱小鱼并吞食。

裸躄鱼以无脊椎动物为食。

❖ 分布

广泛分布于印度洋、太平洋和大西洋。在中国分布于黄海北部、南海南部。

❖ 经济利用

鱼体小型，不具食用价值。可作观赏鱼和用于学术研究。

· 鮟鱇科 Lophiidae

· 黑鮟鱇 *Lophiomus setigerus*

❖ **形态特征**

黑鮟鱇，俗称结巴鱼、蛤蟆鱼、海蛤蟆、琵琶鱼。体平扁而柔软，头部特别宽广平扁，呈圆盘状，躯干部往后渐尖细。口极宽，开于头前端，下颌明显突出于上颌，无鳃耙。体裸露不具鳞，头部及体侧具有发达皮瓣。头骨脊及前上颌骨表面有颗粒状棘。体背黑褐色，腹面白色，口腔黏膜黑色或暗褐色且有白斑。背鳍、尾鳍及胸鳍黑褐色，腹及臀鳍淡色。主要栖息在近海沙泥底质海域，为底栖性鱼类，栖息深度在30米~800米间，行动迟缓，常匍匐于海底。最大体长可达40厘米，具肉食性，通常以吻触手及饵球引诱猎物前来，在瞬间一口吸入猎物。

黑鮟鱇主要以鱼类及甲壳类为食。

❖ **分布**

广泛分布于印度洋-太平洋区。

❖ **经济利用**

可食用。

13 颌针鱼目 Beloniformes

· 飞鱼科 Exocoetidae

· 青翼须唇飞鱼 *Cheilopogon cyanopterus*

❖ 形态特征

青翼须唇飞鱼，鱼体呈深色，背面蓝色虹彩，腹部银白色，胸鳍蓝黑色的，背鳍有突出的黑色斑点。

❖ 分布

分布于我国台湾以及南海、东海等海域。

❖ 经济利用

可食用，主要用于制作咸鱼、鱼干。

· 苏氏须唇飞鱼 *Cheilopogon suttoni*

❖ 形态特征

苏氏须唇飞鱼，鱼体修长略扁，吻端略短，口开于前端，下颌突出，两个颌之间有细小的牙齿，鳃裂宽，鳃膜在喉峡部游离。背鳍无棘，位于身体后面，胸鳍末端达背鳍后部基底，颜色为淡褐色，散布暗色斑，鳍末端无大型斑点，鳍的下部边缘有淡色带。

❖ 分布

分布于太平洋，西到我国南海，东到夏威夷群岛，南到萨摩亚，北到日本。在中国主要分布于西沙群岛、中沙群岛、台湾等海域。

❖ 经济利用

成鱼适合红烧或煮汤，亦可晒干食用；鱼卵可腌渍，风味甚佳。

· 白鳍须唇飞鱼 *Cheilopogon unicolor*

❖ 形态特征

白鳍须唇飞鱼又名白鳍飞鱼、飞乌、白翅仔，体延长，略侧扁。体长为头长的4.2倍~4.5倍，为体高的5.3倍~6.1倍。头长略短于背鳍起点至尾鳍上叶起点的间距。吻部钝短。口开于前端，下颌略突出；两颌有齿，齿微小；腭骨无齿。鼻孔2对，近于眼前。鳃裂宽，鳃膜在喉峡部游离；鳔大，向后延长；肠简单，无幽门及盲囊。体被圆鳞，大而薄，易脱落；头部被鳞，腹鳍长，末端达臀鳍基底，其基底位于鳃盖后缘至尾鳍下叶中央，呈淡色；尾鳍发达，深开叉，下叶较长。白鳍须唇飞鱼是大洋洄游性鱼种，生活于近海或浅海域的表水层，同时也分布于开放水域，受惊吓时会利用其特化的胸鳍跃出水面长距离滑翔，所产的卵团具有黏丝，可附着于漂游物或底栖海藻上。

白鳍须唇飞鱼主要以桡足类及端足类等浮游生物为食。

❖ 分布

主要分布于太平洋的热带海域，包括琉球群岛、菲律宾、新几内亚、澳大利亚、夏威夷及塔希提岛等海域。

❖ 经济利用

观赏鱼。

· 点背须唇飞鱼 *Cheilopogon spilonotopterus*

❖ 形态特征

点背须唇飞鱼又名紫斑鳍飞鱼、飞乌，体延长，略侧扁。头长短于背鳍起点至尾鳍上叶起点的间距。吻部钝短。口开于前端，下颌略突出；两颌有齿，齿细小；腭骨有弱齿。鼻孔2对，大形，近于眼前。鳃裂宽，鳃膜在喉峡部游离；体被大而薄的圆鳞，易脱落；头部多少被鳞；侧线甚低，近腹缘，在胸部不分枝；背鳍无棘，位于体之后部；腹鳍长，末端达臀鳍基底，基底位于鳃盖后缘至尾鳍下叶起点间距中央之前方，呈淡色，无暗斑；尾鳍发达，深开叉，下叶较长。幼鱼下颌有2条须，短于体长之1/2，背鳍高大。点背须唇飞鱼是大洋洄游性鱼种，生活于近海或浅海域之表水层，同时也分布于开放水域。受惊吓时会利用其特化的胸鳍跃出水面长距离滑翔。所产的卵团具有黏丝，可附着于漂游物或底栖海藻上。

点背须唇飞鱼主要以桡足类及端足类等浮游生物为食。

❖ 分布

广泛分布于泛太平洋区的热带及亚热带海域。在中国，分布于南海海域。

❖ 经济利用

可食用。

· 花鳍燕鳐鱼 *Cypselurus poecilopterus*

❖ 形态特征

花鳍燕鳐鱼又名斑鳍飞鱼、小乌、飞乌，体呈纺锤形，略侧扁。吻部钝，眼大，鳞片大而薄且易脱落。体背部青黑色，腹部银白，特征是略透明的大胸鳍有黑褐斑点，几乎长达尾柄。尾鳍深叉，下叶较上叶长。大洋洄游性鱼种，生活于近海或浅海域的表水层，在水表层活动，偶尔游动于开放水域。受惊吓时会利用其特化的胸鳍跃出水面长距离滑翔。所产的卵团具有黏丝，可附着于漂游物或底栖海藻上。

花鳍燕鳐鱼主要以桡足类及端足类等浮游生物为食。

❖ 分布

分布于印度-西太平洋热带海域，在我国主要分布于南海海域。

❖ 经济利用

经济鱼类。

· 尖头细身飞鱼 *Hirundichthys oxycephalus*

❖ 形态特征

尖头细身飞鱼俗称飞乌，体延长，略侧扁，较一般飞鱼为细。吻部钝短。口开于前端，上下颌约略等长；两颌有齿，齿细小；腭骨无齿。鼻孔2对，大形，近于眼前；鳃裂。基底至尾鳍中央鳍条末端的距离略等于到眼中央的距离。前半部淡色，后半部暗色；尾鳍发达，深开叉，下叶较长。脊椎骨数45节～46节。幼鱼无须。尖头细身飞鱼为洄游性鱼种，生活于近海或浅海域的表水层，并不分布于开放水域。受惊吓时会利用其特化的胸鳍跃出水面长距离滑翔。所产的卵团具有黏丝，可附着于漂游物或底栖海藻上。

尖头细身飞鱼主要以桡足类及端足类等浮游生物为食。

❖ 分布

广泛分布于印度-西太平洋区，西起阿拉伯海，东至所罗门群岛，北至日本，南至澳大利亚水域。

❖ 经济利用

海洋生态鱼类。

· 鱵科 Hemiramphidae

· 间下鱵鱼 *Hyporhamphus intermedius*

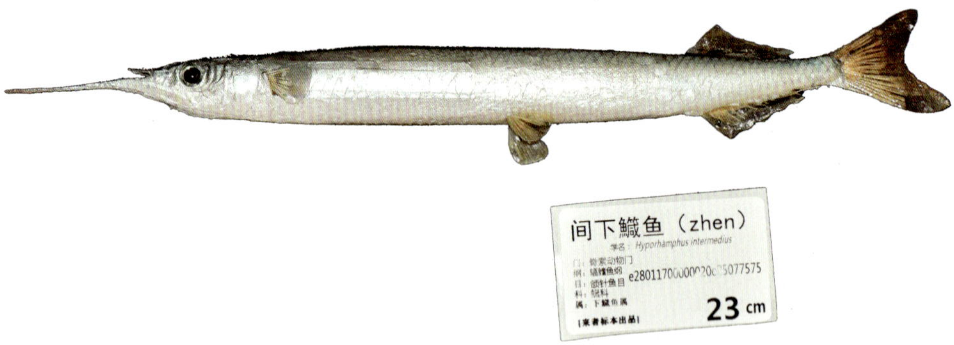

❖ 形态特征

间下鱵又名间下鱵鱼，俗名补网师、水针等，体细长，侧扁，鼻孔突，不呈丝状。下颌延长呈喙状，喙长略等于头长；上颌短小，其顶部呈三角形，被鳞。眼前沟单一，不向后分支。上、下颌具有微细单峰齿，下颌后部有三峰齿。体被圆鳞；侧线位低，胸鳍较短，于胸鳍基底下方有1个向上分支，向上延伸至胸鳍基底；鳔为单室型。体背呈浅灰蓝，腹部白色，体侧中间有1条银白色纵带，无垂直暗斑；喙为黑色，前端有明亮的橘红色。生活于江河湖泊中，栖息深度为10米以浅，是小型上层鱼类。为上溯洄游鱼类。

间下鱵以桡足类、枝角类为食，亦吃昆虫，主要以浮游动物为食。

❖ 分布

主要分布于西北太平洋区，包括日本及中国大陆等沿海海域。

❖ 经济利用

罕见鱼种，鱼体小型，不具食用价值。

· 颌针鱼科 Belonidae

· 扁鹤鱵 *Ablennes hians*

❖ 形态特征

扁鹤鱵又名扁颌针鱼，主要栖息于大洋和近海水深3米以内的表层水域，体背呈翠绿色、暗绿色，腹部银白色，体侧有多条暗蓝色横带，各鳍淡翠绿色，边缘黑色，两腭齿亦呈绿色。鱼体偏扁，呈带状，截面为圆楔形，两颚凸出如长喙，牙齿为带状排列，且有1行稀疏排列的大犬齿，锄骨无齿，头背部平扁，头盖骨背侧的中央沟发育不良，主上腭骨的下缘在嘴角处完全被眼前骨所覆盖。

❖ 分布

广泛分布于全世界的热带与温带的水域。

❖ 经济利用

可食用，市场价格不高，夏季尤低，腹部中有许多白色细长的寄生虫，料理食用时必须煮熟。

14 鲻形目 Mugiliformes

· 鲻科 Mugilidae

· 鲻鱼 *Mugil cephalus*

❖ 形态特征

鲻鱼为常见海产鱼类，在海水、淡水中均能生存。鱼体呈长纺锤形，颜色为青灰色，脂眼睑发达。鳃耙细密如篦，构成鳃笼，上颌中央有1个缺刻；下颌中央有1个突起，上颌骨完全被眶前骨遮盖，并且眶前骨后缘有细小的绒毛状锯齿。

鲻鱼主要以硅藻和有机碎屑为食，也会食用小鱼小虾和水生软体动物。

❖ 分布

广泛分布于热带、亚热带及温带的咸淡水域中。

❖ 经济利用

高经济价值的食用鱼。

15 刺鱼目 Gasterosteiformes

· 管口鱼科 Aulostomidae

· 中华管口鱼 *Aulostomus chinensis*

❖ **形态特征**

中华管口鱼，主要栖息于珊瑚群内，鱼体一般体色为褐色，有浅色纵带，背、臀基部另具深色带，腹鳍基有黑色斑，尾鳍上叶、下叶常有黑圆点。吻端和头部显著侧扁，躯体被微小栉鳞，颏部有1条肉质须。

中华管口鱼主要以小鱼、小虾为食。

❖ **分布**

分布于我国的南海、台湾海域。

❖ **经济利用**

可食用，多作为观赏鱼。

· 海蛾鱼科 Pegasidae

· 海蛾鱼 *Pegasus laternarius*

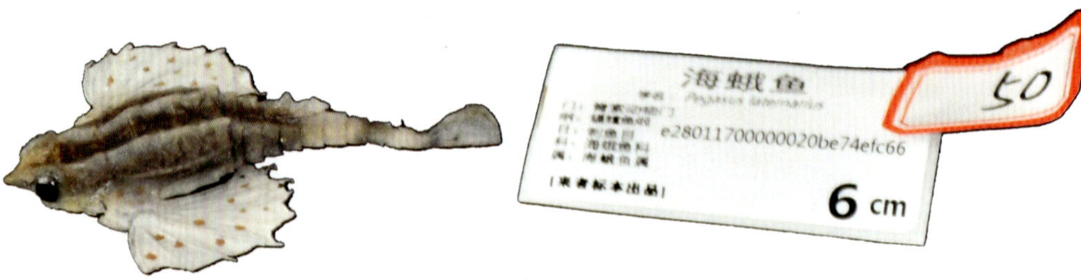

❖ 形态特征

海蛾鱼又名海麻雀、海燕、海天狗、海蜻蜓、飞雀。体扁平，窄长，呈淡铬黄色。体被骨板，尾部细长，头部很短，吻部特别突出，呈扁平的长柄状。两侧有细锯齿，眼大，圆形；鼻孔小而不显，口小，下位；两颌无牙齿，鳃孔很小；背、臀鳍较小，相对，完全位于尾部；胸鳍发达，侧位；腹鳍腹位，近后方，尾鳍后缘截形。躯干部骨板密结，不能活动，尾部可活动。背鳍、胸鳍、尾鳍的鳍条上散布有细小的绿褐色斑点，腹面及臀鳍、腹鳍淡黄白色。体长小于20厘米。一般栖息在浅海的底层，个别种类生活在水深200米以深的海底。常以翼状胸鳍的指状鳍条在水底匍匐爬行，活动能力较弱。海蛾鱼为深海底栖小型鱼类。

海蛾鱼以小型鱼、虾为食。

❖ 分布

分布于印度、印度尼西亚以及大洋洲北部海域。在我国主要分布在南海。

❖ 经济利用

海蛾鱼晒干可作药用，治疗小儿麻疹、甲状腺肿瘤。

· 海龙科 Syngnathidae

· 红鳍冠海龙 *Corythoichthys haematopterus*

❖ 形态特征

红鳍冠海龙，体细长呈鞭状，躯干部为六棱形，尾部为四棱形；体高稍大于体宽；头细长，与身体在同一直线上；吻细长呈管状；眼中等大，圆形，眼眶突出；眼间隔小于眼径，微凹；每侧有很小鼻孔2个，相距很近，紧位于眼前缘；口很小，无齿，前位，上下颌短小，微可伸缩；鳃盖隆起，主鳃盖有1条完全的中纵棱；体无鳞，完全为骨环所包。体呈淡灰色，头部及体侧有较多交错成网状的不规则线纹，管状吻、体背部棱棘及尾鳍呈橘红色。红鳍冠海龙栖息于20米深的浅海沿岸，常发现于海藻、岛礁丛中或光线黑暗处，靠吻部伸长吸食食饵。对盐度适应能力较强，适温范围广，游泳缓慢，常垂直游动。卵生，表现为严格的一夫一妻制，雌性争夺和守护雄性。

红鳍冠海龙幼体食微型浮游动、植物；成体食小型甲壳类。

❖ 分布

广泛分布于印度洋-太平洋区，从东非、马达加斯加和红海以东至瓦努阿图都有分布。在太平洋，从澳大利亚昆士兰到琉球岛纬度范围内均有分布。

❖ 保护级别

中国物种红色名录（No.3214）：易危（VU）。

16 鲉形目 Scorpaeniformes

· 豹鲂鮄科 Dactylopteridae

· 东方豹鲂鮄 *Dactylopterna orientalis*

❖ 形态特征

东方豹鲂鮄主要栖息于近海底层，鱼体为红色，鳍上有斑点，胸鳍为黄绿色，边缘浅红，基部红色，有深绿色小圆斑。该鱼种臀鳍有1块黑斑，尾鳍有黄绿色小圆斑，翅膀非常大，颜色像花母鸡。

东方豹鲂鮄主要以虾类为食。

❖ 分布

分布于印度、马来群岛、日本南部及夏威夷群岛。在中国主要分布于南海、台湾等海域。

❖ 经济利用

观赏鱼。

· 鹬嘴鱼科 Macroramphosidae

· 鹬嘴鱼 *Macroramphosus scolopax*

❖ 形态特征

鹬嘴鱼俗名长吻鱼、长刺长吻鱼、鹭管鱼，体长而稍侧扁，体长约为体高的4倍。头中大，吻部突出呈管状，体高短于吻长。口位于管状吻的顶端，无颌齿。体被粗杂小鳞，两列骨板仅见于头部至背鳍间的背部，每一列包括3个发育完全的大骨板及1个小骨板，主要栖息于沙泥底质海域，一般栖息深度在50米～350米间，最深可达600米。在海底时常头部向下，身体持倾斜姿势，当游泳时则呈水平姿势。

鹬嘴鱼以浮游生物及底栖无脊椎动物为食。

❖ 分布

广泛分布于太平洋、大西洋、印度洋的热带及亚热带海域。

❖ 经济利用

小型鱼类，常为拖网捕获，具学术研究价值，不具食用价值。

· 魴鮄科 Triglidae

· 尖棘角魴鮄 *Pterygotrigla hemisticta*

❖ 形态特征

尖棘角魴鮄主要栖息于沙泥质底较深海域，头部及背侧为红色，腹侧为白色。该鱼种头背面及侧面全被骨板，吻突细长尖锐，体侧上半部有许多大小褐色斑点，尾鳍分叉，胸鳍为黑色，主上颌骨很长，向后可以达眼眶下方。

❖ 分布

分布于日本、印度洋。在中国分布于南海、东海等海域。

❖ 经济利用

可食用，煮汤或油炸皆宜。

· 斑鳍红娘鱼 *Lepidotrigla punctipectoralis*

❖ 形态特征

斑鳍红娘鱼主要栖息于泥沙底质海区，鱼体为红色，胸鳍内侧黑色并散布白色小点，下部有灰蓝的斑块。该鱼种体表修长，侧面偏扁，两背鳍基底两侧各有1列有棘盾板，后颈部的凹槽深陷，眶前骨棘向上，强硬且锐利。肩胛棘、鳃盖棘、后颈棘、眶后棘和前鳃盖背缘皆非常强硬。

❖ 分布

分布于日本以南，印度西太平洋、澳大利亚等海域。在我国主要分布于南海、台湾海域。

❖ 经济利用

可食用，经济价值不高的下杂鱼，多制成鱼粉。

· 贡氏红娘鱼 *Lepidotrigla guentheri*

❖ 形态特征

贡氏红娘鱼，体、背部红色，腹部侧面为白色，头背面及侧面被骨板，身体布有硬棘。第1背鳍、第2背鳍特别延长，胸鳍内侧有淡绿色大斑，其下方黑色且有许多蓝色小横斑。尾鳍末端略内凹，上有两条红带。鳃孔宽大，鳃盖膜不与峡部相连，鳃盖条7根，假鳃发达。肩胛棘强大。体被小栉鳞，头部、胸部及腹部前半部无鳞。侧线高位，平直，伸达尾鳍基底。腹膜淡黄色，鳔大，肠短于体长。栖息于礁岩区，为底栖鱼类，以胸鳍下的游离软条，搜索底栖动物为食。入河口海洋鱼类，偶进钱塘江。生活于水深30米～80米水域。海水、淡水、咸水皆可生存。

贡氏红娘鱼主要以底栖动物为食。

❖ 分布

分布于中国南海、东海，偶进钱塘江。

❖ 经济利用

食用鱼。

· 黄鲂鮄科 Peristediidae

· 瑞氏红鲂鮄 *Satyrichthys rieffeli*

❖ 形态特征

瑞氏红鲂鮄主要栖息于水深70米~130米的泥沙海底，体红，散布褐色斑点。该鱼种背鳍和胸鳍上亦有褐色斑点，其他鳍均为浅红色，无斑纹，吻处偏扁，突起细且狭长，形状不是三角形，在前端位置。

瑞氏红鲂鮄主要以小型甲壳动物等为食。

❖ 分布

分布于日本海域。我国分布于南海、东海等海域。

❖ 经济利用

食用鱼。

· 轮头鲂鮄 *Gargariscus prionocephalus*

❖ 形态特征

轮头鲂鮄主要栖息于沙泥底质水域，颜色为红色，有斑纹，体背侧有6条褐红色横纹，雄鱼背鳍、臀鳍大部分为褐色，胸鳍和尾端亦为褐色。该鱼种形体为长形，近似八棱长锥形，头宽、平扁，背面骨板的周缘有波状深凹刻，呈圆轮状，吻角突出，亦很平扁，且前端较宽，吻背中央有1根前额棘。

❖ 分布

分布于日本、菲律宾附近海域。在我国主要分布于台湾海域。

❖ 经济利用

多制成鱼粉。

· 鲉科 Scorpaenidae

· 达摩毒鲉 *Erosa erosa*

❖ 形态特征

达摩毒鲉主要栖息于水深90米以浅的浅海珊瑚礁和海藻丛中，呈黄褐色，体型高且粗壮，体部光滑没有鳞片，皮下隐有瘤状皮肤腺。该鱼种头部圆且粗大，凹凸多，棘棱低而钝，头顶有1个明显的四方形凹窝，眼周有皮突，吻处为圆形，胸鳍宽、圆、低，无游离鳍条。

❖ 分布

分布于澳大利亚的昆士兰至印度尼西亚、新加坡、韩国及日本东京湾以南的各海域。在中国分布于南海、台湾等海域。

❖ 经济利用

非食用鱼，无经济利用。

· 玫瑰毒鲉 *Synanceia verrucosa*

❖ 形态特征

玫瑰毒鲉主要栖息于近海底层潮间带水域，常潜伏在水深1米~20米的鱼洞穴、礁隙、海藻丛或埋于沙中。鱼体底色为褐色，散布不规则黑色斑块与红斑，体侧有3条褐色宽大横纹，背鳍鳍部下方有1块大白斑，胸鳍有两条褐红色宽大横纹，各鳍边缘大多为白色。该鱼种体前部宽、高大概相等，向后渐侧扁，头比较大，且形状不规则。

玫瑰毒鲉主要以鱼类、甲壳类为食。

❖ 分布

分布于印度－太平洋一带海域。

❖ 保护级别

中国物种红色名录（No.3228）：濒危（EN）。

· 花斑短鳍蓑鲉 *Dendrochirus zebra*

❖ 形态特征

花斑短鳍蓑鲉主要栖息于3米~80米深海域的珊瑚礁、碎石等，颜色为红色，体侧有11条宽窄相间的褐色横带，眼周有3条辐射状纹，鳃盖下部有一块大黑斑，背鳍、尾鳍、胸鳍、臀鳍有多列节斑，腹鳍基部有两块黄斑。该鱼种身体修长，吻部尖长，头部的棘棱没有锯齿，吻端有3条皮须，眼上缘皮瓣较眼前皮瓣明显长。

❖ 分布

主要分布在印度洋和太平洋一带海域。

❖ 经济利用

外形特殊，体色鲜艳，可作为观赏鱼。

· 大口拟鲉 *Scorpaenopsis brevifrons*

❖ 形态特征

大口拟鲉胸鳍里面为黄色，上半部有1块大黑斑而和光鳃拟鲉相区别。该种体修长，侧面偏扁，眼前和眼后均为凹形，棱棘发达，颅骨棱没有锯齿。

❖ 分布

分布于中太平洋东部夏威夷群岛及中途岛海域。

· 辐纹蓑鲉 *Pterois radiata*

❖ 形态特征

辐纹蓑鲉又称白针狮子，身体由红色、白色及黑色垂直条纹构成，胸鳍大呈扇子形，背鳍高，呈羽毛状，体最高可达30厘米，体长而侧扁，头部眼眶突出，在其棱角和皮瓣当中，最“鹤立鸡群”的当数其正上方和各鳍同款的“吕布头饰”。背鳍、胸鳍均由蓑鲉属中别有滋味的深裂黏膜扩展开来，将棘条放射呈针状，延伸两全“鳍”，长达到超越尾部；腹鳍和尾鳍均浑圆，前者胸位。体呈华丽胭脂红色，具与各棱角同款的垂直或“丫”字形白色横带。通常栖息于浅海呈碎片状排列的珊瑚礁岩石底质平台，但也被发现于岸边到外岛80米深处中有掩蔽的潟湖与洞穴区域。昼伏夜出，偶尔群居。

❖ 分布

分布于印度洋-太平洋，西起红海至南非的索德瓦纳湾，东至社会群岛，北至西沙群岛和琉球群岛，南至新喀里多尼亚。

❖ 经济利用

观赏鱼。

· 褐菖鲉 *Sebastiscus marmoratus*

❖ 形态特征

褐菖鲉又叫石翁、师公、石啄、石狗公、石头鱼，身体长而侧扁。眼突出于头背缘，前鳃盖骨和鳃盖骨后缘有棘；除胸部和腹部被圆鳞外，其余均被栉鳞；两颌、吻部和颊部无鳞。体色随环境而变化，呈褐色或褐红色，腹部颜色浅；体侧在侧线上方有数条明显的黑色或深褐色横纹，侧线下方的横纹不明显；各鳍褐色或红褐色，散布斑点和斑块。暖水性近底层鱼类，喜栖息于水深40米以浅的近岸岩礁附近。

褐菖鲉属凶猛肉食性鱼类，食性较广，以小型鱼类、虾、贝类和藻类等为食。

❖ 分布

分布于西太平洋中部和南部的暖水海域，包括朝鲜、韩国、日本、菲律宾、澳大利亚及中国沿海等海域。在中国分布于渤海、黄海、东海、南海。

❖ 经济利用

褐菖鲉肉质甜美而有弹性，是高价值的经济鱼种。

· 环纹蓑鲉 *Pterois lunulata*

❖ 形态特征

环纹蓑鲉又名龙须狮子鱼、龙须蓑鲉、长狮、魔鬼、国公、石狗敢、虎鱼、鸡公、红虎、火烘、石头鱼，体上覆盖浅褐带亮褐色垂直条纹。与其他狮子鱼不同，环纹蓑鲉各鳍是肉质的，不带条纹。各鳍的刺带毒，如果被刺中，感觉就像被蜜蜂蜇了一下，只是痛感稍微大些。

❖ 分布

主要分布于印度洋。

❖ 经济利用

观赏鱼。

· 斑鳍鲉 *Scorpaena neglecta*

❖ 形态特征

斑鳍鲉俗名石降、络腮石狗公，体延长，侧扁。头中大，棘棱有明显的锯齿。眼大，上侧位，眼球高达头背缘；口中大，端位，斜裂，上下颌等长；鼻棘1个，小而尖，向后上，位于前鼻孔内侧。泪骨大且方形，颅骨棘发达，尖锐。侧筛骨光滑，有1根眼前棘，顶骨光滑，顶颈棱高凸，眼前棘具皮瓣短小，眼上棘皮瓣长且大，边缘有小分支。尾鳍圆形，体红色，头侧具深色斑块及黑色斑点；背鳍粉红色，胸鳍及腹鳍红色，有棕色或黑色斑纹与斑点；背鳍软条部、臀鳍及尾鳍红色，鳍条散布黑棕色斑点。暖水性海洋鱼类，中小型，体长约15厘米。大者达37.5厘米。栖息于深水的岩礁或沙底附近。体态与环境相似，卵生。背鳍鳍棘下有毒腺，是海中危险生物。

斑鳍鲉以小鱼和甲壳动物等为食。

❖ 分布

分布于印度洋–太平洋区，中国南海有分布。

❖ 经济利用

观赏鱼。

· 毒拟鲉 *Scorpaenopsis diabolus*

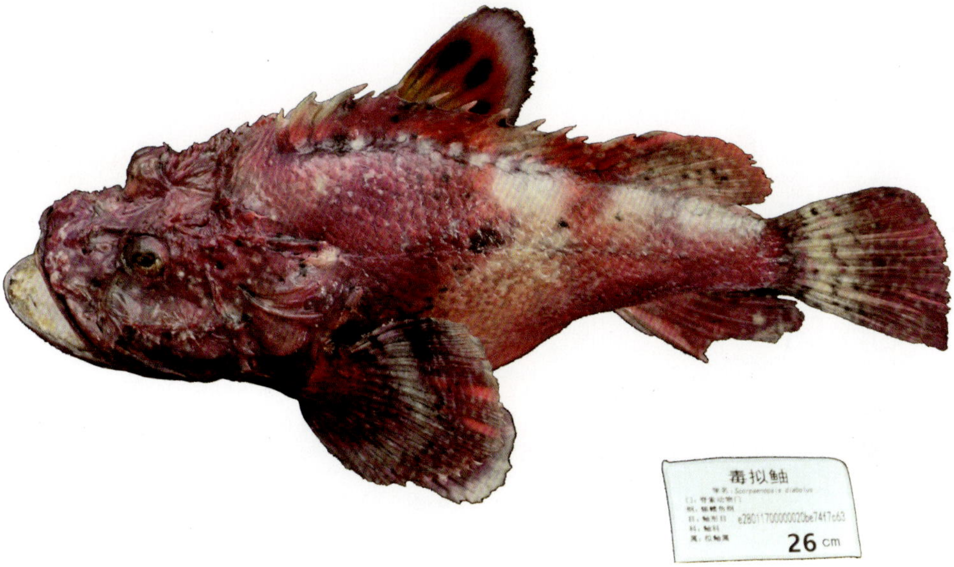

❖ 形态特征

毒拟鲉俗名驼背石狗公、石狮子、虎鱼、石崇、石狗公、沙姜虎、石降、过沟仔、臭头格仔、石头鱼、硓鱼、沙姜鲙仔（澎湖）。体中长，略侧扁，前背部明显隆起。头中大，棘棱具明显的锯齿。眼径上侧位，变化大，随鱼体大小而改变，眼间距宽。口中大，上端位，斜裂且角度极度倾斜，与水平呈60度~70度。鳞片小，栉鳞。侧线上侧位，斜直，后半部平直，末端延伸至尾鳍基部。背鳍低矮，起始于上鳃盖棘上方，硬棘与鳍条有鳍膜相连，硬棘部的基底长于软条部的基底，胸鳍圆宽，无鳍条分离。本种体色多变，不易辨别，但胸鳍斑纹可作为辨认本种之特征：其内侧红色，中央具1条黄色或橙色带状斑纹，带状斑纹外具1列黑色斑点。本种主要栖息于沿近海岩礁环境，水深1米~70米。具有伪装能力，时常隐藏身体而不容易被发现，快速捕捉过往的小鱼与甲壳动物。背鳍鳍棘下具毒腺，是海中危险生物。

毒拟鲉以小鱼与甲壳类动物为食。

❖ 分布

分布于印度洋-太平洋热带海域。在我国分布于南海及台湾海域。

❖ 经济利用

用于学术研究，经济价值不大。

· 背带帆鳍鲉 *Ablabys taenianotus*

❖ 形态特征

背带帆鳍鲉又称背带长绒鲉。体长而极侧扁，头小，背缘近于垂直或略凹，上方无棘或棱脊。眼小，眼间隔凸出。体具埋于皮下的小圆鳞。背鳍单一，起点位于眼前缘上方，臀鳍基底短，基底长小于腹鳍起点与臀鳍起点间之距离，体几乎单一褐色，体侧或各鳍有细而短的暗色条纹或斑驳，头前部白色，各鳍缘亦为白色。栖所生态栖息地多样化：浅滩区，具有沙子、碎石与水草混合的亚潮带区，河口区，海草床区，礁石区等。在海中，扁长的身体在底部配合着海浪来回摆动，如同树叶一般，属于夜行性鱼。背鳍鳍棘下具毒腺，是海中危险生物。

❖ 分布

分布于印度-西太平洋区，从安达曼海至斐济，北起日本，南迄澳大利亚海域。

❖ 经济利用

观赏鱼。

· 绒皮鲉科 Aploactinidae

· 绒皮鲉 *Aploactis aspera*

❖ 形态特征

绒皮鲉，又名“疣鲉”，主要栖息于1米~64米深的沙泥底质海区，颜色为黑褐色，侧线孔色淡，各鳍颜色均为褐色，背鳍、臀鳍、胸鳍后端均有白色边缘。该鱼种体形修长，侧面略扁，身体表面没有鳞片，密被绒毛状皮突起。头小，有钝突起且没有尖棘。

❖ 分布

分布于西太平洋区，包括日本长崎县以南、澳大利亚、新喀里多尼亚海域。在我国分布于台湾、南海等海域。

❖ 经济利用

不具经济价值。

· 赤鲬科 Bembridae

· 日本红鲬 *Bembras japonica*

❖ 形态特征

日本红鲬体长，头中等纵扁，吻部长于眼径。口大，上下颌等长，上下颌、锄骨及腭骨上均有细齿。头部骨嵴有棘，下眼眶骨嵴有数枚向后方倒向的棘突。侧线完整，侧线前数个鳞片有强韧的棘，侧线鳞数54片～56片。体为橘红色，背侧则散有黑色斑点，腹部下方为白色。栖息于深海、沙泥底、近海沿岸。

❖ 分布

分布于西北太平洋区，包括日本南部。在中国分布于南部、东部海域。

❖ 经济利用

可食用，但一般以下杂鱼处理，可制成鱼粉。

· 棘鲬科 Hoplichthyidae

· 吉氏棘鲬 *Hoplichthys gilberti*

❖ 形态特征

吉氏棘鲬俗名短指棘鲬、吉氏针鲬、吉贝特真鲬、针牛尾。体细长，很平扁，向后渐细小。头甚宽扁，背视呈三角形，背面粗糙而且锯齿状突起，棱和棘均很发达。吻短而平扁，前端钝圆，吻长稍大于眼径。眼中等大，侧上位，眼间隔甚窄，中间凹入呈沟状。鼻孔2个，短管状，近吻端。口中等大，端位，下颌较上颌稍长。两颌、犁骨及腭骨均具绒毛状牙群。鳃孔大，鳃膜与峡部相连。鳃耙短小。假鳃发达。体无鳞，体侧上方具1纵行骨板状大鳞，各鳞中部具1根向后大棘，鳞棘排列成侧线状。体下侧及腹面裸露无鳞。臀鳍坤于肛门后缘。胸鳍位于体侧下方，下方具3条细指状游离鳍条。腹鳍始于胸鳍基的前方。尾鳍近截形。暖水性海洋鱼类，主要栖息于大陆架沙泥底质海域，170米～280米水深的海底。活动能力差，无远距离洄游习性。体平扁，常半埋于沙中，露出背鳍，以诱饵。以胸鳍游离鳍条爬行，挖土觅食。

❖ 分布

分布于印度-西太平洋区。在我国主要分布于南海和东海。

❖ 经济利用

无食用价值，一般充作下杂鱼。

17 鲈形目 Perciformes

· 白鲳科 Ephippidae

· 圆眼燕鱼 *Platax orbicularis*

❖ 形态特征

圆眼燕鱼主要栖息于浅海和河口水域，幼鱼红褐色，似枯叶；成鱼则为黄褐色，有两三条深色横带。该鱼种背鳍、腹鳍与臀鳍皆长，呈镰刀状，且带黑色边缘，尾鳍形状为截形。

圆眼燕鱼主要以藻类、无脊椎动物或小鱼等为食。

❖ 分布

分布于非洲东岸的南非、东非及红海和印度西太平洋区。在中国分布于台湾、南海等海域。

❖ 经济利用

幼鱼体态优美，可作为观赏鱼，成鱼则可食用，肉质鲜美。

· 尖翅燕鱼 *Platax teira*

❖ 形态特征

尖翅燕鱼，幼鱼主要在浅海域的礁石边或水表层，随漂流木、海藻团活动，成鱼则在较深水域。尖翅燕鱼体长50厘米，体宽大于体长，非常扁平，幼鱼背鳍和臀鳍软条较长。但随着成长而缩短，幼鱼体侧具两三条黑色横带，背鳍、腹鳍与臀鳍皆长，呈镰刀状，成鱼时，鳍开始变短，尾鳍形状为双凹形。

尖翅燕鱼主要以藻类及小型底栖无脊椎动物为食。

❖ 分布

分布于印度-西太平洋区，印度洋非洲东岸、红海，东至澳大利亚，北至日本。在中国分布于南海、台湾等海域。

❖ 经济利用

幼鱼体态优美，可作为观赏鱼，成鱼则可食用，肉质鲜美。

· 白鲳 *Ephippus orbis*

❖ 形态特征

白鲳主要栖息于近海岩石或珊瑚礁间，颜色为银灰色，体侧有6条暗褐色横带，鳞片为圆形，有黑纹，各鳍为浅黄褐色。身体近乎圆形，侧面偏扁，颌齿又尖又细，呈毛刷状，宽齿带，胸鳍稍短，第1条腹鳍比较长，尾鳍为双凹形。

白鲳主要以底栖无脊椎动物和小鱼为食。

❖ 分布

分布于印度洋、非洲南岸，东至印度尼西亚。在中国分布于南海、台湾等海域。

❖ 经济利用

白鲳为高级的食用鱼，营养丰富，含有丰富的不饱和脂肪酸，对高血脂、高胆固醇的人来说是上好的鱼类。

· 赤刀鱼科 Cepolidae

· 印度棘赤刀鱼 *Acanthocepola indica*

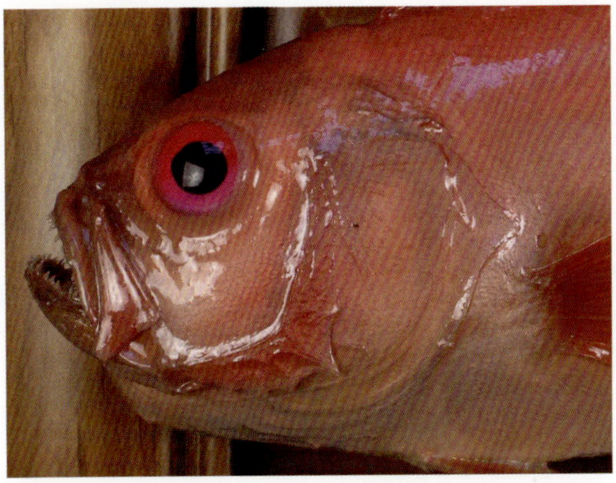

❖ 形态特征

印度棘赤刀鱼主要栖息于深度约300米的沙底或泥底质水域，鱼体形状为卵圆形，侧面偏扁，呈橘红色，背部色深、腹部较淡，体侧具数10条橘黄色横带，背鳍前部没有黑斑点，若有也非常小，并不明显。该鱼种犁骨、腭骨均没有牙齿，前鳃盖骨有锯齿缘，隅角有长棘，尾鳍后为圆弧形。

印度棘赤刀鱼主要以鱼类、甲壳类等为食。

❖ 分布

分布于印度、日本海域。在中国分布于南海、台湾等海域。

❖ 经济利用

一般以底拖网捕获，鱼体不大，数量不多，不具经济价值，为下杂鱼。

· 土佐欧氏䲢 *Owstonia tosaensis*

❖ 形态特征

土佐欧氏䲢，主要栖息于大陆架与大陆架边缘的沙砾底部，体表为褐色，背部颜色较深，腹部则淡一点；背、臀鳍均为黄色；尾鳍上部为灰黄色，下部为灰白色。

土佐欧氏䲢主要以小鱼、底栖生物为食。

❖ 分布

分布于西北太平洋。在中国分布于南海、台湾等海域。

❖ 经济利用

不具经济价值。

· 刺盖鱼科 Pomacanthidae

· 蓝带荷包鱼 *Chaetodontoplus septentrionalis*

❖ 形态特征

蓝带荷包鱼主要栖息于近海沿岸礁区以及珊瑚礁区，鱼体颜色为褐色，体侧有7条~9条蓝黑色波状纵带，鳍、臀鳍各有两条蓝色纵纹，尾鳍为黄色。该鱼种幼鱼体为黑色，头后有1条黄色横带。

蓝带荷包鱼主要以海藻、海绵、珊瑚虫及被囊动物为食。

❖ 分布

分布于印度-西太平洋区，包括东非、亚丁湾、马尔代夫、科摩罗、毛里求斯、塞舌尔群岛、印度、斯里兰卡、马来西亚、安达曼海、泰国、菲律宾、印尼、日本、越南、新几内亚、所罗门群岛、澳大利亚、马里亚纳群岛、马绍尔群岛、密克罗尼西亚、帕劳、诺鲁、斐济群岛、东加、基里巴斯、图瓦卢、万纳杜等海域。在我国，主要分布于南海、东海、台湾等海域。

❖ 经济利用

为高价值观赏性鱼类，不供食用。

· 阿拉伯刺盖鱼 *Pomacanthus asfur*

❖ 形态特征

阿拉伯刺盖鱼，因产地而得名，又名阿拉伯神仙鱼。幼鱼主色调为黑色，身体上布有蓝色、浅蓝色和白色条纹，看起来类似蓝纹神仙鱼。较大的幼鱼背部背鳍处会有黄色斑纹和黄色尾鳍，使它们与蓝纹神仙鱼有明显区别。随着成长，背部的黄色块会慢慢向下扩展并越来越大；成鱼主色调为深蓝色，身体中央由背鳍开始至腹部有鲜黄色斑块，越向下越变小，尾部为同样的鲜黄色。

阿拉伯刺盖鱼以丰富的有机质碎屑及礁石上的海藻、珊瑚虫等为食。

❖ 分布

偶见于我国南海海域，多活动在珊瑚礁区。

❖ 经济利用

高价值观赏鱼，无食用价值。

· 斑纹刺盖鱼 *Pomacanthus maculosus*

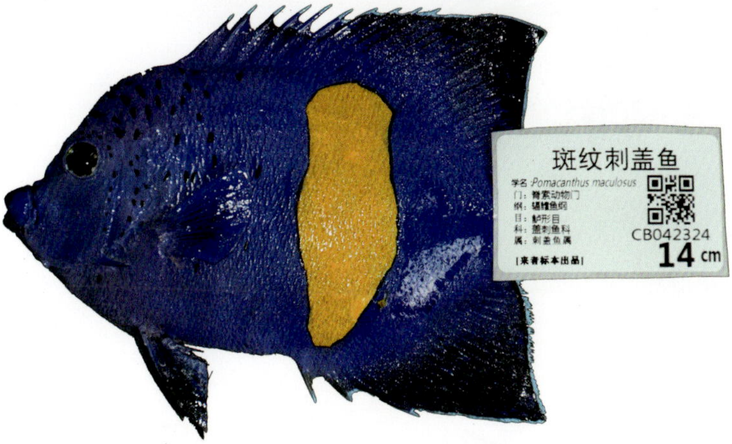

❖ 形态特征

斑纹刺盖鱼又称紫月神仙，幼鱼时期（5厘米以下），体深蓝色并满布白色和蓝色的竖形条纹，胸鳍、背鳍和臀鳍的鳍边均为鲜蓝色，尾鳍鲜黄色。成鱼体色紫蓝色，体侧有1条醒目的鲜黄色月形斑纹，因此得名“紫月”。该鱼种栖息于珊瑚丛生的水深1米～20米之间的水域，通常单独生活在珊瑚礁区的洞穴中。

❖ 分布

分布在西印度洋的珊瑚礁海域，包括红海、波斯湾和阿曼湾一带海域。

❖ 经济利用

一种非常受欢迎的大型观赏鱼。

· 波氏刺尻鱼 *Centropye potteri*

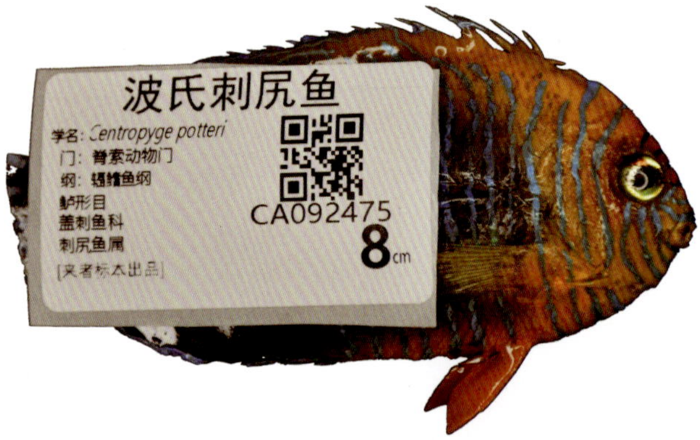

❖ 形态特征

波氏刺尻鱼又称虎皮仙、麒麟神仙、伯塔神仙、花豹神仙，为珊瑚礁鱼类。幼鱼和成鱼在体色、花纹上并没有太大差异。花豹神仙体色亮橘色，全身满布大理石纹理般的灰蓝色条纹。雌鱼体侧中间有1条深褐色条带，臀鳍为黄色带蓝色斑纹；雄鱼的2/3体侧为宝蓝色带黑色斑纹，臀鳍也是宝蓝色带少许黄色斑纹。基本上，体色较黄的是雌鱼，而蓝色占身体大部分的则是雄鱼。栖息在面向大海礁区水深5米附近的水域，通常生活在碎石区或珊瑚丛生的礁区。单独或以一夫一妻的形式共同生活。具有雌性先成熟的性转变行为。

波氏刺尻鱼主要以海藻及碎石附着生物为食。

❖ 分布

波氏刺尻鱼多产于夏威夷、中途岛至约翰斯顿岛海域，活动于珊瑚礁丰茂的地区。

❖ 经济利用

体色艳丽，花纹特殊，是受人欢迎的海水观赏鱼。

· 大眼鲷科 Priacanthidae

· 布氏大眼鲷 *Priacanthus blochii*

❖ 形态特征

布氏大眼鲷全身为红色，背鳍鳍条部、臀鳍和尾鳍上密布深红色小斑点，尾鳍后缘为截形。该鱼种眼睛巨大，约为头长的1/2，前鳃盖骨边缘有细锯齿。

❖ 分布

在中国，分布于南海、台湾等海域。

❖ 经济利用

因皮厚肉粗，多制成干品，部分鲜销。

· 隆背笛鲷 *Lutjanus gibbus*

❖ 形态特征

隆背笛鲷，又名驼背笛鲷、海猪哥，幼鱼主要生活在海草床或有遮蔽的珊瑚礁上，成鱼则在海底斜坡生活。幼鱼体色呈浅灰色，上面有许多细带，且由背鳍软条基部斜向尾柄下缘有明显的黑色斑块，尾鳍末缘为黄色；成鱼表面颜色均为鲜红色，尾鳍、背鳍和臀鳍末端颜色较深，呈红黑色，体高呈椭圆形，体背在头上方陡直，有别于本属其他鱼种。

隆背笛鲷主要以鱼类及无脊椎动物为食。

❖ 分布

分布于印度-西太平洋区，包括东非、马达加斯加、毛里求斯、塞舌尔群岛、马尔代夫、红海、波斯湾、斯里兰卡、印度、安达曼海、泰国、缅甸、马来西亚、菲律宾、印尼、琉球群岛、新几内亚、莱恩群岛、马里亚纳群岛、帕劳、密克罗尼西亚、马绍尔群岛、诺鲁、斐济群岛、万纳杜、萨摩亚、澳大利亚、所罗门群岛、法属波利尼西亚等海域。在中国广泛分布于沿海及台湾海域。

❖ 经济利用

常见的食用鱼。

· 蓝纹紫鱼 *Pristipomoides argyrogrammicus*

❖ 形态特征

蓝纹紫鱼栖息于岩石底质海域，会进行垂直迁徙，在夜间觅食。体背侧面颜色为鲜黄色，体侧桃红色，腹部淡红色，有银色光泽，背鳍基部有3个荧光蓝色斑，沿侧线有1列蓝色斑点，体侧散布数列不规则蓝色斑点。

蓝纹紫鱼主要以鱼类、甲壳类、端足类、海鞘等为食。

❖ 分布

分布于印度洋-太平洋区，包括东非、马达加斯加、毛里求斯、塞舌尔群岛、马尔代夫、红海、波斯湾、斯里兰卡、印度、安达曼海、泰国、缅甸、马来西亚、菲律宾、印尼、琉球群岛、马里亚纳群岛、马绍尔群岛、诺鲁、帕劳、密克罗尼西亚、新喀里多尼亚、澳大利亚、万纳杜、东加、基里巴斯、夏威夷群岛、法属波利尼西亚等海域。在中国广泛分布于沿海及台湾海域。

❖ 经济利用

可食用鱼。

· 勒氏笛鲷 *Lutjanus russelli*

❖ 形态特征

勒氏笛鲷，成鱼主要栖息于外礁，也可发现于岩岸礁区，幼鱼可发现于红树林区、河口或河川下游区，体背侧为灰褐色，腹侧为灰白色，背鳍下方还有1块大黑斑，幼鱼体侧有3条黑色纵带。

勒氏笛鲷主要以鱼类及甲壳类为食。

❖ 分布

分布于印度洋非洲东岸，东至澳大利亚，北至日本。在中国分布于南海、台湾等海域。

· 紫红笛鲷 *Lutjanus argentimaculatus*

❖ 形态特征

紫红笛鲷，幼鱼和稚鱼栖息于河口、红树林区以及潮汐所及的河川下游，成鱼迁移至珊瑚礁区形成群体，最后向外海游动至较深的礁区。幼鱼脸颊有1条蓝色纵带，体侧有6条~7条银色横带，二者均会随成长而消失，成鱼体表颜色为灰色至紫红色，除过胸鳍外，其他鳍的颜色为紫褐色。该鱼种背部边缘和腹部边缘为圆形，且背部为弧状弯曲。

紫红笛鲷主要以鱼类、甲壳类为食。

❖ 分布

分布于印度-西太平洋区，包括东非、马达加斯加、毛里求斯、塞舌尔群岛、马尔代夫、红海、波斯湾、斯里兰卡、印度、安达曼海、泰国、缅甸、马来西亚、菲律宾、印尼、琉球群岛、新几内亚、莱恩群岛、马里亚纳群岛、帕劳、密克罗尼西亚、马绍尔群岛、诺鲁、斐济群岛、万纳杜、萨摩亚、澳大利亚、所罗门群岛等海域。在中国分布于沿海和台湾海域。

❖ 经济利用

重要的食用鱼，适合煎食或盐腌。浅海养殖的主要种类，常供海钓池用。

· 白斑笛鲷 *Lutjanus bohar*

❖ 形态特征

白斑笛鲷主要栖息在向海礁坡或邻近礁湖的洞穴中，尤其喜欢在较低矮的礁石居住，常成群在水层活动，警觉性很高。成鱼背侧为紫褐色，腹侧较淡，体侧鳞有小白点，身上无明显斑纹；幼鱼体呈红褐色，越往腹侧越淡。该鱼种体形为椭圆形，偏扁，头背部呈1条直线，眼前部有鼻沟，前鳃盖骨后缘有细锯齿，下有浅浅的凹凸。

白斑笛鲷主要以鱼类、甲壳类等为食。

❖ 分布

分布于印度-西太平洋区，包括东非、马达加斯加、毛里求斯、塞舌尔群岛、马尔代夫、红海、波斯湾、斯里兰卡、印度、安达曼海、泰国、缅甸、马来西亚、菲律宾、印尼、琉球群岛、所罗门群岛、马里亚纳群岛、马绍尔群岛、诺鲁、帕劳、密克罗尼西亚、斐济群岛、万纳杜、图瓦卢、东加、夏威夷群岛、法属波利尼西亚、新喀里多尼亚、基里巴斯、澳大利亚等海域。在中国分布于沿海及台湾海域。

❖ 保护级别

中国物种红色名录（No.3305）：易危（VU）。

· 丝尾红钻鱼 *Etelis coruscans*

❖ 形态特征

丝尾红钻鱼，体呈长纺锤形，背部为鲜红色，腹部色较淡；两眼间隔平扁，眼前方无沟槽；头顶无鳞，下颌突出于上颌；上颌骨末端延伸至眼中部的下方，上颌骨被鳞，上下颌有多列细齿，外列齿扩大；上、下颌有犬齿，锄骨有宽的新月形齿带。体被中大型栉鳞，背鳍及臀鳍上均裸露无鳞，侧线完全且平直，胸鳍长约等于头长，尾鳍深分叉，成鱼尾鳍上下叶不同长。体长最长可达120厘米。

丝尾红钻鱼以鱼类、无脊椎动物为食，包括鱿鱼、虾、螃蟹和浮游生物。

❖ 分布

分布于东非到夏威夷群岛，北至日本海，南至澳大利亚和豪勋爵岛。

❖ 经济利用

高级食材，食用鱼类。

· 冲绳若梅鲷 *Paracaesio sordida*

❖ 形态特征

冲绳若梅鲷，眼大，吻短，眼间隔凸状。上颌与下颌大约相等，颚骨没有鳞片。胸鳍长度，达到肛门高度。鳞片列背面平行于侧线。全体深紫褐色到蓝色；下侧与腹部间有银色或微白色；背鳍与尾鳍呈褐色至微淡黄色，另一个鳍呈微白色到半透明。稚鱼有1个黄色到橘色的尾鳍。常成群于礁区上水层中巡游，夜间即分散独自栖息于礁洞中。

冲绳若梅鲷以浮游动物为食。

❖ 分布

主要分布于印度洋的红海和马克萨斯群岛至太平洋的琉球群岛。在我国主要分布在南海海域。

❖ 经济利用

食用鱼。

· 单斑笛鲷 *Lutjanus monostigma*

❖ 形态特征

单斑笛鲷，体呈长椭圆形，两眼间隔平坦，前鳃盖缺刻不显著。上、下颌有细齿多列，外列齿稍扩大，上颌前端有2个～4个犬齿，内列齿绒毛状；下颌有1列稀疏细尖齿，后方者稍扩大；锄骨齿带三角形，其后方无突出部；腭骨也有绒毛状齿，舌面无齿。体被中大栉鳞，颊部及鳃盖有多列鳞；背鳍鳍条部及臀鳍基部有细鳞；侧线上方的鳞片斜向后背缘排列，下方的鳞片则与体轴平行排列。背鳍软硬鳍条部间无明显深刻，臀鳍基底短而与背鳍软条部相对，尾鳍内凹。体浅褐色，体侧无任何纵带，但体侧侧线上有1块黑斑。各鳍黄色或淡。体长可达60厘米。

❖ 分布

主要分布于印度洋-太平洋区，包括东非、马达加斯加、毛里求斯、塞舌尔群岛、马尔代夫、红海、波斯湾、斯里兰卡、印度、安达曼海、泰国、缅甸、马来西亚、菲律宾、印尼、琉球群岛、中国沿海、所罗门群岛、马里亚纳群岛、马绍尔群岛、瑙鲁、帕劳、密克罗尼西亚、斐济群岛、万纳杜、图瓦卢、东加、夏威夷群岛、法属波利尼西亚、新喀里多尼亚、基里巴斯、澳大利亚等海域。

❖ 经济利用

常见食用鱼。

· 黑带鳞鳍梅鲷 *Pterocaesio tile*

❖ 形态特征

黑带鳞鳍梅鲷，体呈长纺锤形，标准体长为体高的3.8倍～4.4倍。口小，端位；上颌骨有伸缩性，会被眶前骨所掩盖；前上颌骨有两个指状突起；上、下颌前方有1颗细齿，锄骨无齿。体被中小型栉鳞，背鳍及臀鳍基底上方1/2的区域均被鳞；侧线完全且平直，仅于尾柄前稍弯曲。体背蓝绿色，腹面粉红色，体侧沿侧线有1条黑褐色纵带直行至尾柄背部，并与尾鳍上叶黑色纵带相连。各鳍红色，尾鳍下叶亦有黑色纵带。

❖ 分布

分布于印度洋-太平洋热带海域。在我国分布于南海南部及台湾海域。

❖ 经济利用

高端食材，可食用。

· 黄背若梅鲷 *Paracaesio xanthura*

❖ 形态特征

黄背若梅鲷，体呈纺锤状，稍侧扁。本属鳞片较细小。体色为蓝紫色，背部具黄色宽带直达尾鳍，尾鳍深叉。属中下水层鱼类。

黄背若梅鲷具肉食性，以浮游动物为主。

❖ 分布

分布于印度洋-太平洋热带海域。在我国分布于南海南部及台湾海域。

❖ 保护级别

中国物种红色名录（No.3304）：易危（VU）。

· 弱棘鱼科 Malacanthidae

· 银马头鱼 *Branchiostegus argentatus*

❖ 形态特征

银马头鱼栖息在沙泥质海底，鱼体为粉红色，腹部白色，体侧有2条纵走暗带，从眼眶下方至上颌有2条平行银色带。背鳍鳍膜粉红或透明，有1列黑点，在软条部者较大，臀鳍缘色较暗，胸鳍为淡灰黑色，上部边缘为黑色，尾鳍为粉红色，上部边缘也是黑色，有4条~5条黄色带，下叶有1个三角暗色区。

银马头鱼主要以小鱼、小虾为食。

❖ 分布

分布于印度-西太平洋区，包括东非、马达加斯加、毛里求斯、塞舌尔群岛、马尔代夫、红海、波斯湾、斯里兰卡、印度、安达曼海、泰国、缅甸、马来西亚、菲律宾、印尼、琉球群岛、所罗门群岛、马里亚纳群岛、马绍尔群岛、诺鲁、帕劳、密克罗尼西亚、斐济群岛、万纳杜、图瓦卢、东加、夏威夷群岛、法属波利尼西亚、新喀里多尼亚、基里巴斯、澳大利亚等海域。在中国分布于沿海及台湾海域。

❖ 经济利用

中小型食用鱼，鱼肉细腻，适合盐腌后煎食或做成生鱼片。

· 侧条弱棘鱼 *Malacanthus latovittatus*

❖ 形态特征

侧条弱棘鱼栖息在珊瑚礁外缘沙质底海域，头与体上半部分为蓝色，腹面为蓝白色，体侧中央由吻端向后延伸至尾鳍有1条黑色宽带，幼鱼几乎覆盖体中部和尾部，背鳍为蓝灰色且边缘颜色比较淡，基底附近则偏暗色，臀及腹鳍为白色，胸鳍为蓝色，尾鳍下部边缘为黑色。体长可达45厘米。

侧条弱棘鱼主要以底栖动物为食。

❖ 分布

分布于非洲东岸、印度尼西亚，北至琉球群岛海域。在我国分布于台湾以及南海海域。

❖ 经济利用

食用鱼，但不常见，以生鲜或腌渍被利用。因体色独特而显眼，也是水族养殖业宠物。

· 白马头鱼 *Branchiostegus albus*

❖ 形态特征

白马头鱼，体长且侧扁，头背部、背鳍前方呈一多肉的脊，约至眼睛处陡降，状如方形头；背鳍前中央线上有一纵走棱脊。口中大，端位，上颌骨延伸至眼中部下方，上下颌齿有细小圆锥状齿。前鳃盖骨后缘呈细小锯齿，下缘光滑。体侧上部银白色，而带粉红色，腹侧白色；吻部黄色带粉红；颊部眶下区有一不明显的宽银带；背鳍前棱背淡黄色，背鳍与臀鳍透明，边缘色稍深；尾鳍色较暗，鳍条偏黄，鳍膜有小黄点，尾鳍下叶无三角形暗色区，上下叶缘白色。主要栖息于砂泥质海底。活动于浅水域，深度约在水深100米以浅。

白马头鱼为肉食性鱼种，以小鱼、虾等为食。

❖ 分布

分布于西北太平洋区，由日本至中国南海、越南海域。在我国，以南海北部海域为主，东北部、西部、西南部亦有分布。

❖ 经济利用

经济鱼类。

· 蝴蝶鱼科 Chaetodontidae

· 马夫鱼 *Heniochus acuminatus*

❖ 形态特征

马夫鱼栖息在珊瑚礁、潟湖、近海沿岸以及外礁斜坡的深水地带。鱼体颜色为灰色，体侧有2条黑色宽横带，头部与眼睛之间有1条横带，长度没有达到眼睛下部边缘，背鳍、尾鳍、胸鳍均为黄色。该鱼种体形为圆锥形，眼被前缘有1个深深的凹形，项背没有角状突起。

马夫鱼主要以动物性浮游生物及珊瑚虫为食。

❖ 分布

分布于印度洋-太平洋区，包括东非、红海、波斯湾、马尔代夫、科摩罗、毛里求斯、塞舌尔群岛、印度、斯里兰卡、马来西亚、安达曼海、泰国、菲律宾、印尼、日本、越南、新几内亚、所罗门群岛、澳大利亚、马里亚纳群岛、马绍尔群岛、密克罗尼西亚、帕劳、诺鲁、斐济群岛、东加、基里巴斯、图瓦卢、万纳杜、法属波利尼西亚、墨西哥、加拉巴哥群岛、厄瓜多尔等海域。在中国分布于南海、东海、台湾等海域。

❖ 经济利用

高价值观赏鱼，不供食用。

· 美蝴蝶鱼 *Chaetodon wiebeli*

❖ 形态特征

美蝴蝶鱼主要栖息于岩礁及珊瑚礁区，为广东沿海常见鱼种，鱼体颜色为黄色，眼袋后方有1条白色横带，沿鳞列有16条~18条上斜的橙褐色纵线，尾鳍有镶白边的黑色横带。该鱼种体形近乎圆形，背鳍、臀鳍后部边缘为圆弧形。

美蝴蝶鱼主要以藻类为食。

❖ 分布

分布于西太平洋区，包括菲律宾、印尼、日本、越南、马里亚纳群岛、马绍尔群岛、密克罗尼西亚、帕劳。在中国分布于台湾、南海、东海等海域。

❖ 经济利用

色彩鲜艳的观赏性鱼类，不供食用。

· 褐带少女鱼 *Coradion altivelis*

❖ 形态特征

褐带少女鱼，幼鱼栖息在浅水处或躲藏于桶状海绵中央，成鱼栖息在深水处。鱼体为银白色，头部及体侧共有4条~5条宽窄不等的褐色横带，尾柄有黑色短横带，夜晚体色变深，幼鱼背鳍上有假眼斑，随成长而消失。

褐带少女鱼主要以藻类、底栖无脊椎动物为食。

❖ 分布

分布于印度-西太平洋区，包括安达曼海、马来西亚、泰国、菲律宾、印尼、日本、越南、新几内亚、所罗门群岛、澳大利亚、马里亚纳群岛、马绍尔群岛、密克罗尼西亚、帕劳、诺鲁、斐济群岛。在中国分布于台湾、南海、东海等海域。

❖ 经济利用

观赏性鱼类，易饲养，不供食用。

· 朴罗蝶鱼 *Roa modesta*

❖ 形态特征

朴罗蝶鱼主要栖息于较深且有岩礁的大陆架斜坡上、近海珊瑚礁或岩石间，栖息深度可达200米，亦可发现幼鱼活动于10米的浊水区。鱼体颜色为黄褐色，头部有暗褐色眼带，体侧有两条宽幅暗横带，背鳍鳍条部有1块镶白边的蓝黑色圆斑，腹鳍为黑色。该鱼种颌齿呈丝状，上、下颌齿各9行，前鳃盖骨有锯齿。

朴罗蝶鱼主要以底栖甲壳类、腹足类、藻类为食。

❖ 分布

分布于印度洋-太平洋区，包括斯里兰卡、马来西亚、泰国、菲律宾、印尼、日本、越南、新几内亚、所罗门群岛、澳大利亚、马里亚纳群岛、马绍尔群岛、密克罗尼西亚、帕劳、瑙鲁、斐济群岛、夏威夷群岛、法属波利尼西亚、复活节岛、科隆群岛、汤加、基里巴斯、图瓦卢、瓦努阿图、萨摩亚群岛、厄瓜多尔、墨西哥等海域。在中国分布于台湾、南海、东海海域。

❖ 经济利用

观赏性鱼类，不供食用。

· 纹身蝴蝶鱼 *Chaetodon lineolatus*

❖ 形态特征

纹身蝴蝶鱼，幼鱼出现于浅水域，成鱼则在10米以下的水域活动，鱼体颜色为淡灰褐色，后部为黄色，体侧有许多深色细横纹，背鳍鳍条部下方有1条新月形黑带穿过尾柄伸到臀鳍，两鳍后部边缘形状为圆弧形。

纹身蝴蝶鱼主要以珊瑚虫、小型无脊椎动物与藻类碎片为食。

❖ 分布

分布于印度洋-太平洋区，包括东非、红海、波斯湾、马尔代夫、科摩罗、毛里求斯、塞舌尔群岛、斯里兰卡、马来西亚、泰国、菲律宾、印尼、日本、越南、新几内亚、所罗门群岛、澳大利亚、马里亚纳群岛、马绍尔群岛、密克罗尼西亚、帕劳、诺鲁、斐济群岛、夏威夷群岛、法属波利尼西亚、复活节岛、加拉巴哥群岛、东加、基里巴斯、图瓦卢、万纳杜、萨摩亚群岛、厄瓜多尔、墨西哥等海域。在中国分布于台湾、南海、东海等海域。

❖ 经济利用

高价值的观赏性鱼类，不供食用。

· 鞍斑蝴蝶鱼 *Chaetodon ephippium*

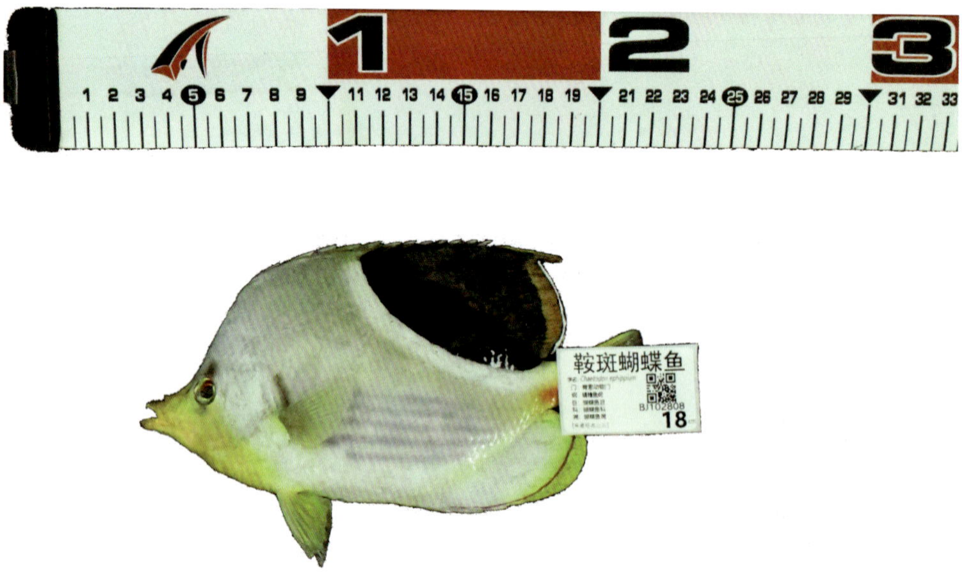

❖ 形态特征

鞍斑蝴蝶鱼栖息于1米~36米且珊瑚生长茂盛的海域，鱼身为白色，全身遍布黑色垂直条纹，后半部分为黄色，尾巴与身体连接处有1块黑斑，占身体部位的1/4，身上有2个大黑斑纹，眼睛上也有黑纹穿过。前鳃盖骨缘有细锯齿，背鳍鳍条呈丝状。

鞍斑蝴蝶鱼主要以珊瑚虫、小型无脊椎动物与藻类碎片为食。

❖ 分布

分布于印度洋-太平洋区，包括东非、亚丁湾、马尔代夫、科摩罗、毛里求斯、塞舌尔群岛、斯里兰卡、马来西亚、菲律宾、印尼、日本、越南、新几内亚、所罗门群岛、澳大利亚、马里亚纳群岛、马绍尔群岛、密克罗尼西亚、帕劳、诺鲁、斐济群岛、夏威夷群岛、法属波利尼西亚、复活节岛、加拉巴哥群岛、东加、基里巴斯、图瓦卢、万纳杜、萨摩亚群岛、厄瓜多尔、墨西哥等海域。在中国分布于台湾、南海、东海海域。

❖ 经济利用

体色鲜艳复杂，高价值观赏性鱼类，不供食用。

· 华丽蝴蝶鱼 *Chaetodon ornatissimus*

❖ 形态特征

华丽蝴蝶鱼栖息于热带海草珊瑚礁区，鱼体颜色为黄灰色，有6条不向上端集中的斜向橙褐色带，头部有多条黑色细横带平行于眼带，尾鳍有2条黑色横带，胸鳍、腹鳍颜色均为黄色，前鳃盖缘有小锯齿。

❖ 分布

分布于印度洋-太平洋区，包括斯里兰卡、马尔代夫、泰国、菲律宾、印尼、日本、越南、新几内亚、澳大利亚、马里亚纳群岛、马绍尔群岛、密克罗尼西亚、帕劳、瑙鲁、斐济群岛、汤加、瓦努阿图、萨摩亚群岛、法属波利尼西亚。在中国分布于台湾、东海、南海等海域。

❖ 经济利用

体色相当鲜艳的观赏鱼，不供食用。

· 点斑横带蝴蝶鱼 *Chaetodon punctatofasciatus*

❖ 形态特征

点斑横带蝴蝶鱼栖息于珊瑚聚集区、清澈的潟湖和面向大海的礁区，颜色为柠檬黄色，体侧上部有7条蓝绿色横带，下部每个鳞片上均有蓝绿色小点，项背有1个深蓝色斑点，眼带下部颜色比较浅，尾鳍基有一条黑带。该鱼种前塞盖骨的形状呈直角，边缘有锯齿。

点斑横带蝴蝶鱼主要以小型无脊椎动物、珊瑚虫及藻类碎片为食。

❖ 分布

分布于印度洋-太平洋区，包括斯里兰卡、马来西亚、安达曼海、泰国、菲律宾、印尼、日本、越南、新几内亚、所罗门群岛、澳大利亚、马里亚纳群岛、马绍尔群岛、密克罗尼西亚、帕劳、诺鲁、斐济群岛、东加、基里巴斯、图瓦卢、万纳杜、夏威夷群岛、法属波利尼西亚、加利福尼亚湾、加拉巴哥群岛、复活节岛、墨西哥、厄瓜多尔。在中国分布于南海、东海、台湾等海域。

❖ 经济利用

观赏性鱼类，不供食用。

· 眼点副蝴蝶鱼 *Parachaetodon ocellatus*

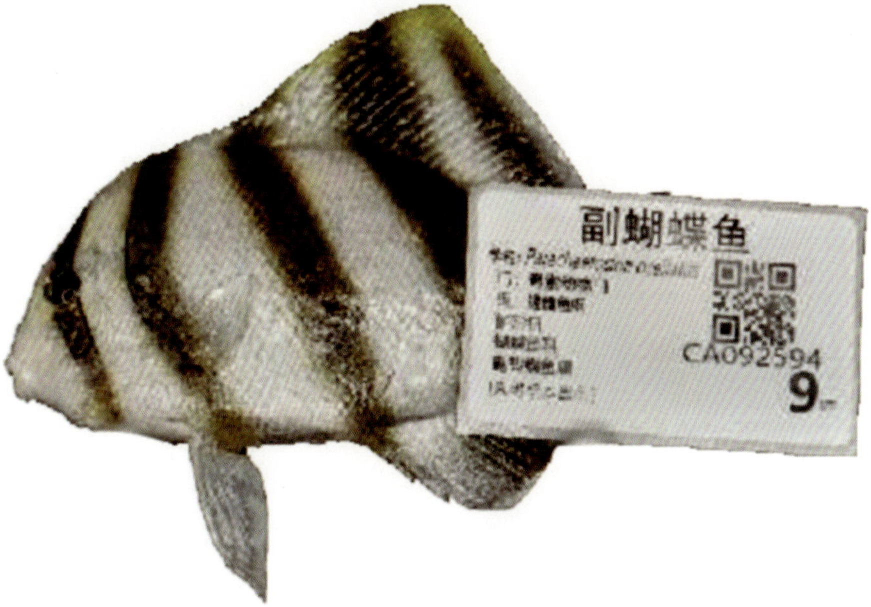

❖ 形态特征

眼点副蝴蝶鱼主要栖息于海岸礁石上平坦的沙子或粉质海底，其明显的特征为背鳍有5根弱小鳍棘，从前向后顺序增长，侧线止于尾柄前方。体侧有5条横带：第1条最窄，自背部穿过眼径到腹侧；第4条最宽，在其上方与背鳍基部有1块大黑斑；第5条不明显，位于尾柄。体表颜色为珍珠白色，有多条横带，第3条横带上部的背鳍处有1个眼斑，大的成鱼身上，眼斑变成黑色斑点。

❖ 分布

分布于印度洋-太平洋区，包括印度、斯里兰卡、泰国、越南、马来西亚、菲律宾、印度尼西亚、新几内亚、澳大利亚、密克罗尼西亚、中国南海、斐济等海域。

❖ 经济利用

观赏性鱼类。

· 长吻镊口鱼 *Forcipiger longirostris*

❖ 形态特征

长吻镊口鱼主要栖息于珊瑚丰富的潟湖和面向开阔公海的珊瑚礁区，头部上方为黑色，下方为灰白色，胸部灰白色部分有整齐排列的黑色斑点，斑点有时延伸到面部。胸鳍、尾鳍颜色较透明，背鳍、腹鳍、臀鳍颜色为黄色，与身体一致，尾柄下方有黑色的假眼斑，身体后部有蓝色细边，与黄镊口鱼十分相似。

长吻镊口鱼主要以桡足类、甲壳类动物为食。

❖ 分布

分布于印度洋-太平洋区，包括留尼汪、科摩罗、也门、马尔代夫、毛里求斯、塞舌尔群岛、斯里兰卡、马来西亚、泰国、菲律宾、印尼、日本、越南、新几内亚、澳大利亚、马里亚纳群岛、马绍尔群岛、密克罗尼西亚、帕劳、诺鲁、纽埃、斐济群岛、夏威夷群岛、法属波利尼西亚、东加、萨摩亚群岛等海域。在中国分布于台湾、南海、东海海域。

❖ 经济利用

高价值的观赏性鱼类，不供食用。

· 乌面立旗鲷 *Heniochus monoceros*

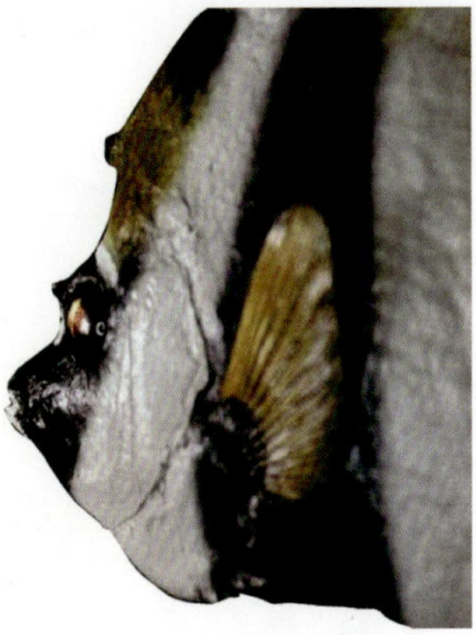

❖ 形态特征

乌面立旗鲷主要栖息于岩礁及珊瑚礁海域，形状为三角形，体色为黑白相间，头部前半部为黑色，头顶与眼前方有小突起，背鳍第4根硬棘较长，其后之背鳍与尾鳍为黄色。

❖ 分布

分布于印度洋-太平洋区，包括东非、亚丁湾、马尔代夫、科摩罗、毛里求斯、塞舌尔群岛、印度、斯里兰卡、马来西亚、安达曼海、泰国、菲律宾、印尼、日本、越南、新几内亚、所罗门群岛、澳大利亚、马里亚纳群岛、马绍尔群岛、密克罗尼西亚、帕劳、诺鲁、斐济群岛、东加、基里巴斯、图瓦卢、万纳杜、法属波利尼西亚、墨西哥、加拉巴哥群岛、厄瓜多尔等海域。在中国分布于南海、东海、台湾等海域。

❖ 经济利用

观赏性鱼类，易饲养，不供食用。

· 麦氏蝴蝶鱼 *Chaetodon meyeri*

❖ 形态特征

麦氏蝴蝶鱼栖息于礁区、近海沿岸、潟湖，鱼体及吻部为灰色，胸部及腹部为黄色。体侧有数条呈环状的暗色纹，背鳍前方硬棘部的下方，体侧有1块内部含有许多红点的黄色斑块。头部有3条镶黄边的横带，中间的眼带窄于眼径，仅延伸至喉峡部，每个鳍的颜色均为金黄色，背鳍及臀鳍有黑线纹，背鳍软条部另有红色短纵纹，尾鳍各另有2条红色及黑色相间的线纹。

麦氏蝴蝶鱼主要以珊瑚虫为食。

❖ 分布

分布于印度洋-太平洋区，包括东非、南非、马达加斯加、留尼汪、塞舌尔群岛、毛里求斯、马尔代夫、斯里兰卡、圣诞岛、印度、日本、泰国、澳大利亚、印尼、菲律宾、马绍尔群岛、密克罗尼西亚、马里亚纳群岛、新几内亚、帕劳、夏威夷群岛、基里巴斯、东加、法属波利尼西亚、加拉巴哥群岛等海域。在中国主要分布在台湾海域。

❖ 经济利用

观赏鱼类，无食用价值。

· 镜斑蝴蝶鱼 *Chaetodon speculum*

❖ 形态特征

镜斑蝴蝶鱼栖息于海水清澈的珊瑚礁区，鱼体颜色为金黄色，眼带带宽较眼径稍窄，背鳍、臀鳍后部边缘没有黑带，尾鳍末端有白边，该鱼种体形为椭圆形，一跨侧线有1块圆形大黑斑。

镜斑蝴蝶鱼主要以珊瑚虫和无脊椎动物为食。

❖ 分布

分布于印度洋-太平洋区，包括东非、亚丁湾、毛里求斯、马尔代夫、印度、斯里兰卡、马来西亚、泰国、菲律宾、印尼、日本、越南、新几内亚、所罗门群岛、澳大利亚、马里亚纳群岛、马绍尔群岛、密克罗尼西亚、帕劳、诺鲁、斐济群岛、夏威夷群岛、法属波利尼西亚、复活节岛、加拉巴哥群岛、东加、基里巴斯、图瓦卢、万纳杜、萨摩亚群岛、厄瓜多尔、墨西哥等海域。在中国分布于台湾、南海、东海海域。

❖ 经济利用

高价值观赏性鱼类，不供食用。

· 新月蝴蝶鱼 *Chaetodon lunula*

❖ 形态特征

新月蝴蝶鱼栖息于有岩石的浅水海域，鱼体颜色为黄褐色，头部有眼状斑和月形白斑，体前部有“人”字形黑带，另有数10列橘红色斜纹，尾柄至背鳍间的黑色斑纹随生长多有变化。

新月蝴蝶鱼主要以小型无脊椎动物、珊瑚虫、海葵及藻类碎片为食。

❖ 分布

分布于印度洋-太平洋区，包括东非、红海、波斯湾、马尔代夫、科摩罗、毛里求斯、塞舌尔群岛、斯里兰卡、马来西亚、泰国、菲律宾、印尼、日本、越南、新几内亚、所罗门群岛、澳大利亚、马里亚纳群岛、马绍尔群岛、密克罗尼西亚、帕劳、诺鲁、斐济群岛、夏威夷群岛、法属波利尼西亚、复活节岛、加拉巴哥群岛、东加、基里巴斯、图瓦卢、万纳杜、萨摩亚群岛、厄瓜多尔、墨西哥等海域。在中国分布于南海、东海、台湾海域。

❖ 经济利用

高价值的观赏性鱼类，不供食用。

· 格纹蝴蝶鱼 *Chaetodon rafflesii*

❖ 形态特征

格纹蝴蝶鱼主要栖息于珊瑚礁区，鱼体颜色为柠檬黄色，各鳞边缘有暗线纹，线纹互相连接呈网纹，眼带垂至间鳃盖下缘，沿背鳍有黑色带，尾鳍有1条黑色横带。

❖ 分布

分布于印度洋-太平洋区，包括东非、亚丁湾、毛里求斯、马尔代夫、印度、斯里兰卡、马来西亚、泰国、菲律宾、印尼、日本、越南、新几内亚、所罗门群岛、澳大利亚、马里亚纳群岛、马绍尔群岛、密克罗尼西亚、帕劳、诺鲁、斐济群岛、夏威夷群岛、法属波利尼西亚、复活节岛、加拉巴哥群岛、东加、基里巴斯、图瓦卢、万纳杜、萨摩亚群岛、厄瓜多尔、墨西哥等海域。在我国分布于台湾、南海、东海海域。

❖ 经济利用

高价值的观赏性鱼类，不供食用。

· 川纹蝴蝶鱼 *Chaetodon trifascialis*

❖ 形态特征

川纹蝴蝶鱼栖息于浅的潟湖及面向大海的珊瑚礁区，鱼体呈淡蓝白色，有黑色眼带，背鳍、臀鳍、胸鳍均为黄色，尾鳍除外缘亮黄色外，其余均为暗黄色。最明显的特征是体侧有许多深色的“く”型纹。幼鱼颜色为淡褐色，背鳍鳍棘部至臀鳍鳍棘部有1条黑色宽横带，尾柄为黄色。

川纹蝴蝶鱼主要以珊瑚虫为食。

❖ 分布

分布于印度洋-太平洋区，包括南非、东非、马达加斯加、红海、波斯湾、毛里求斯、塞舌尔群岛、马尔代夫、印度、斯里兰卡、马来西亚、泰国、菲律宾、圣诞岛、印尼、日本、越南、新几内亚、新喀里多尼亚、所罗门群岛、澳大利亚、马里亚纳群岛、马绍尔群岛、密克罗尼西亚、库克群岛、帕劳、诺鲁、斐济群岛、关岛、夏威夷群岛、法属波利尼西亚、复活节岛、加拉巴哥群岛、东加、基里巴斯、图瓦卢、万纳杜、萨摩亚群岛、厄瓜多尔、墨西哥等海域。在我国分布于南海、东海、台湾海域。

❖ 经济利用

高价值的观赏性鱼类，不供食用。

· 曲纹蝴蝶鱼 *Chaetodon baronessa*

❖ 形态特征

曲纹蝴蝶鱼栖息于潟湖及面向大海的礁，鱼体颜色为灰蓝色，后部为黑色，有11条羽状斜带，吻端及眼间隔后各有1条黑带，与眼带在枕区汇合，眼带向后弯，延伸至腹鳍，眼带后的黑带较窄，各黑带间隙为银白色，鳍后缘颜色比较浅。

曲纹蝴蝶鱼主要以鹿角珊瑚的水螅虫为食。

❖ 分布

分布于印度-西太平洋区，包括斯里兰卡、泰国、马来西亚、菲律宾、印尼、日本、越南、新几内亚、所罗门群岛、澳大利亚、马里亚纳群岛、马绍尔群岛、密克罗尼西亚、帕劳、诺鲁、斐济群岛。在我国分布于南海、台湾等海域。

❖ 经济利用

高价值的观赏性鱼类，不供食用。

· 四带马夫鱼 *Heniochus singularius*

❖ 形态特征

四带马夫鱼栖息于珊瑚礁周边，是唯一有黑点分布在白色带的鳞片上蝶鱼，背鳍软条与尾鳍均为黄色，幼鱼不需驯饵，成鱼头上会长出尖角，且需要安静、不受干扰的环境。

四带马夫鱼主要以有机碎屑、珊瑚虫为食。

❖ 分布

分布于中西太平洋区，包括马来西亚、安达曼海、泰国、菲律宾、印尼、日本南部、越南、新几内亚、所罗门群岛、澳大利亚、马里亚纳群岛、马绍尔群岛、密克罗尼西亚、帕劳、诺鲁、斐济群岛、图瓦卢、万纳杜、新喀里多尼亚。在我国分布于南海、东海、台湾等海域。

❖ 经济利用

观赏性鱼类，性情温驯，易饲养，不供食用。

· 叉纹蝴蝶鱼 *Chaetodon auripes*

❖ 形态特征

叉纹蝴蝶鱼，体呈菱形或近于椭圆形，且十分侧扁。口小，端位，略可伸缩；颌齿细长，在上、下颌形成刷毛状的狭长齿带；前鳃盖骨平滑，但幼鱼可能有锯齿或被有突棘；体被中小型弱栉鳞或圆鳞；侧线完整，呈弧形，但不明显。因幼鱼头部长有骨质板，被称为梭鱼。背鳍连续，硬棘部和软条部间有浅缺刻；腹鳍胸位，有腋鳞；尾鳍一般截形或圆形。属于海洋珊瑚礁丛鱼类。

❖ 分布

主要分布于热带印度洋和太平洋暖水区，我国只见于南海。

❖ 经济利用

热门的水族养殖宠物。

· 多鳞霞蝶鱼 *Hemitaurichthys polylepis*

❖ 形态特征

多鳞霞蝶鱼又称霞蝶、印度霞蝶、钻石蝶。本鱼吻略尖突，体型甚高，略呈正方形，其最显著特征是身体上有块极大的银色区域，它起自背鳍基底中央，分别向喉部及尾柄处扩展，尾柄及尾鳍皆为银色；其他部位均为鲜黄色，背鳍和臀鳍均为黄色；有些个体的头部颜色较深呈棕色。鱼体长可达约18厘米。活动于珊瑚礁丰茂的地区，会自然形成群落。

多鳞霞蝶鱼以各类有机物碎屑、海藻为食。

❖ 分布

本鱼分布于印度洋–太平洋区，包括斯里兰卡、缅甸、泰国、马来西亚、越南、琉球群岛、中国沿海、菲律宾、印尼、新几内亚、澳大利亚北部、新喀里多尼亚、帕劳、密克罗尼西亚、所罗门群岛、马绍尔群岛、马里亚纳群岛、斐济群岛、夏威夷群岛等海域。

❖ 经济利用

观赏鱼。

· 弓月蝴蝶鱼 *Chaetodon lunulatus*

❖ 形态特征

弓月蝴蝶鱼，个体高，呈椭圆形，头部上方轮廓平直，吻短而略尖，前鼻孔有鼻瓣。前鳃盖缘有细锯齿，鳃盖膜与峡部相连。两颌齿细尖密列，上、下颌呈齿带。背鳍及尾鳍灰色，臀鳍橘黄色，背鳍软条部、臀鳍软条部及尾鳍基底均有镶黄边的黑色带，腹鳍黄色，胸鳍淡色。最大体长12厘米。栖息深度3米～20米。栖息于潟湖及面向大海的珊瑚礁区。通常成鱼成对或成群生活于礁体外，幼鱼则生活于珊瑚的枝芽间。

弓月蝴蝶鱼主要以珊瑚虫为食。

❖ 分布

分布于中-西太平洋区，西起印度尼西亚和澳大利亚，东至土阿莫土群岛和夏威夷，北至日本南部，南至豪勋爵岛和南方群岛。

❖ 经济利用

观赏鱼类，无食用价值。

· 怪蝴蝶鱼 *Chaetodon larvatus*

❖ 形态特征

怪蝴蝶鱼，成鱼体浅蓝色至白色，体侧有数10条白色箭状条纹（箭头指向头部），头部颜色一致黄色至橙色。胸鳍和腹鳍白色，背鳍和臀鳍白色至浅蓝色，背鳍末端至尾柄有1块三角形黑色斑块，均有白色缘带。尾鳍黑色。栖息于轴孔珊瑚丛生的浅水区，通常生活在水深3米～12米之间的水域。多半成对生活，具一定的领域性。

怪蝴蝶鱼主要以珊瑚虫为食。

❖ 分布

分布在西印度洋。

❖ 经济利用

观赏鱼。

· 黑背蝴蝶鱼 *Chaetodon melannotus*

❖ 形态特征

黑背蝴蝶鱼，俗名黑背蝶、曙色蝶。体高，呈卵圆形，头部上方轮廓平直。吻尖，但不延长为管状。前鼻孔有鼻瓣，前鳃盖缘有细锯齿，鳃盖膜与峡部相连。两颌齿细尖密列。体被中型鳞片、圆形，全为斜上排列。侧线向上陡升，至背鳍第9棘下方下降至背鳍基底末缘。体淡黄色，背部黑色。体侧有21条~22条斜向后上方的暗色纹；头部镶黄缘的黑色眼带，窄于眼径，仅延伸至喉峡部。各鳍金黄色，胸鳍淡色，仅基部黄色。尾鳍前半部黄色，后半部灰白色，中间有黑纹。幼鱼尾柄上有眼点，随着成长而渐散去。最大体长15厘米。栖息深度4米~20米。栖息于潟湖、礁盘及面海的珊瑚礁区。通常成鱼成对或成群生活。以珊瑚虫为食。

❖ 分布

分布于印度洋-太平洋区，西起红海、东非沿岸，东至萨摩亚，北至日本南部，南至豪勋爵岛，遍布密克罗尼西亚。在我国分布于南海。

❖ 经济利用

一般以潜水方式捕捉。观赏鱼类，无食用价值。水族箱内易存活。

· 红尾蝴蝶鱼 *Chaetodon xanthurus*

❖ 形态特征

红尾蝴蝶鱼，体极为侧扁，吻小、突出。头部上方有1块黑斑，眼部有黑横带。鱼体体色银白，体侧鳞片的黑缘形成网状花纹；背鳍后半部到臀鳍后有1条橙色新月形横带，尾鳍亦有橙色带。幼鱼与成鱼的差异不大。

❖ 分布

分布于印度-西太平洋热带海域。在我国，分布于南海海域及台湾海域。

❖ 经济利用

水族馆观赏鱼。

· 金口马夫鱼 *Heniochus chrysostomus*

❖ 形态特征

金口马夫鱼又称羽毛关刀，体甚侧扁，背缘高而隆起，略呈三角形。头短小，吻尖突而不呈管状，前鼻孔后缘有鼻瓣。上、下颌长度大概一致，两颌齿细尖。体被中大弱栉鳞，头部、胸部与鳍有小鳞，吻端无鳞，背鳍连续。体银白色，体侧有3条黑色横带：第1条黑横带自头背部向下覆盖眼、胸鳍基部及腹鳍，第2条黑横带自背鳍第4、5硬棘向下延伸至臀鳍后部，第3条黑横带则约自背鳍第9至12硬棘向下延伸至尾鳍基部。吻部背面灰黑色，背鳍软条部及尾鳍淡黄色，臀鳍软条部有眼点，胸鳍基部及腹鳍黑色。

❖ 分布

分布于印度-太平洋区，西起印度西部，东至皮特康群岛，北至日本南部，南至昆士兰南部及新喀里多尼亚群岛。在我国南海海域及台湾可见其踪迹。

❖ 经济利用

观赏鱼。

· 深水前颌蝴蝶鱼 *Prognathodes guyotensis*

❖ 形态特征

深水前颌蝴蝶鱼，体长9厘米～30厘米，侧扁。口小吻尖，端位，略可伸缩。牙齿细长尖锐，密集排列成刷子状。全身覆盖小型弱栉鳞或圆鳞，鳞片延伸到背鳍和臀鳍，侧线完整但不明显，呈弧形。黄色或白色的底色上带有强对比的深色花纹，同时利用穿过眼睛的条纹和身体后部的假眼点来迷惑捕食者。胸鳍、尾鳍透明，其余各鳍均黄色，第1背鳍延长，鳍条之间不相连，第2背鳍身体后部的边缘有橙色边。尾鳍圆形或截平，有15枚分支鳍条。常见于浅水珊瑚礁或沙质海草地附近，水深通常20米以浅，部分生活在200米的深水。

❖ 分布

全球性分布，主要在热带海域，少数生活在温带，部分能进入河口或者海湾，其中以印度-西太平洋地区最为集中。在我国主要分布于南海，少部分进入东海南部。

❖ 经济利用

观赏鱼。

· 鸡笼鲳科 Drepaneidae

· 斑点鸡笼鲳 *Drepane punctata*

❖ 形态特征

斑点鸡笼鲳栖息于沙泥底质感的浅水区，主要生活于近岸浅海，有时可进入河口咸淡水中。常在港口或沙洲等地区出没，鱼体颜色为银灰色，体侧有4条~11条黑色横带，鳍的颜色均为浅黄色，背部鳍上有2列暗斑。该鱼种形状为菱形，侧面偏扁且高，颌部位置有一簇颔须，鳃膜横跨峡部愈合成1条皮褶，胸鳍为镰刀状。

斑点鸡笼鲳主要以藻类及小型底栖无脊椎动物为食。

❖ 分布

分布于印度-西太平洋区，包括印度洋非洲东岸、澳大利亚等海域。在中国分布于南海、台湾、东海等海域。

❖ 经济利用

可食用鱼。

· 尖吻鲈科 Latidae

· 尖吻鲈 *Lates calcarifer*

❖ 形态特征

尖吻鲈栖息于河口、江河也在湖泊中生长、发育，鱼体颜色为青灰色，吻背面及眼间为棕褐色，胸鳍则没有颜色，其他鳍均为灰褐色。该鱼种体形较长，侧面偏扁，背部的弧状弯曲较大，尾鳍形状为圆形。

尖吻鲈主要以小鱼小虾为食。

❖ 分布

广泛分布于热带和温带地区的海域近岸。

❖ 经济利用

肉质鲜美，营养价值高，是优质高档的水产品。

· 金线鱼科 Nemipteridae

· 艾氏锥齿鲷 *Pentapodus emeryii*

❖ 形态特征

艾氏锥齿鲷栖息于珊瑚礁区域，鱼体上半部分为蓝绿色，下半部为白色，中间有1条黄色横纹，每个鳍均为黄色，该鱼种体形为纺锤形，腹鳍稍长，延伸至肛门处，尾鳍为深凹形，上、下叶间为丝状。

艾氏锥齿鲷主要以小型鱼类、甲壳类、阳遂足及虫类为食。

❖ 分布

分布于热带和副热带的印度-西太平洋，包括科科斯群岛、澳大利亚、琉球群岛、马绍尔群岛、瓦努阿图等海域。

❖ 经济利用

小型鱼类，具市场价值。

· 犬牙锥齿鲷 *Pentapodus caninus*

❖ 形态特征

犬牙锥齿鲷，又称香蕉鱼，主要栖息于珊瑚礁区，体背为蓝黑色，腹部侧面的颜色较浅，体侧有一深一浅的两条黄色纵带，背鳍、胸鳍均为红色，其他鳍均为黄色，尾鳍交叉状，上、下叶为丝状且向外延长。

犬牙锥齿鲷主要以小型鱼类、甲壳类为食。

❖ 分布

分布于西太平洋区，包括萨摩亚群岛、关岛、日本、马来西亚、马绍尔群岛、密克罗尼西亚、帕劳、密克罗尼西亚、菲律宾、东加、越南等海域。在中国主要分布于台湾海域。

· 宽带副眶棘鲈 *Parascolopsis eriomma*

❖ 形态特征

宽带副眶棘鲈主要栖息于近海沙泥质的海域，鱼体为赤黄色，侧面有1条黄色纵带，该起点处有1块深红色斑，背鳍、尾鳍均为叶红色，其他鳍均为金黄色，眶下骨的后上角位置没有弱棘，下缘部位有弱锯齿。

宽带副眶棘鲈主要以小型鱼类、甲壳类为食。

❖ 分布

分布于印度-西太平洋区，包括东非、红海、马达加斯加、毛里求斯、留尼汪、科摩罗、马尔代夫、塞舌尔群岛、波斯湾、斯里兰卡、印度、阿拉伯海、巴基斯坦、安达曼海、泰国、马来西亚、琉球群岛、菲律宾、印尼、越南、澳大利亚西北部。在我国分布于台湾、南海等海域。

❖ 经济利用

可食用鱼。

· 红棘金线鱼 *Nemipterus nemurus*

❖ 形态特征

红棘金线鱼，上颌3对犬齿。下颌有3对～6对较小齿。尾鳍上叶丝状延长，腹鳍较胸鳍短，仅达肛门前。体桃红色，背鳍第1、第2鳍棘膜边缘鲜红色。臀鳍有黄点，尾鳍上缘黄色。为暖水性层鱼类。

❖ 分布

分布于越南、菲律宾和印度-西太平洋水域。在我国分布于南海。

❖ 经济利用

可食用鱼。

· 眶棘鲈科 Scolopsidae

· 双线眶棘鲈 *Scolopsis bilineata*

❖ 形态特征

双线眶棘鲈主要栖息于礁岩地区或礁岩外缘的沙地，游泳时以一游一停的方式前进，鱼体为黄绿色，腹部侧面为银白色，体侧1条镶黑边的白色斜带，还有1条位于侧线至背鳍鳍棘中部的黄线，背鳍、臀鳍均有黑斑，该鱼种的头部鳞片可延伸至前皇孔。

双线眶棘鲈主要以小型鱼类、虾、软体动物为食。

❖ 分布

分布于印度-西太平洋区，包括马尔代夫、印度、斯里兰卡、琉球群岛、菲律宾、印尼、越南、马来西亚、新加坡、泰国、缅甸、安达曼群岛、澳大利亚北部、所罗门群岛、新喀里多尼亚、马里亚纳群岛、斐济群岛、马绍尔群岛、帕劳、密克罗尼西亚、万纳杜、东加。在我国，分布于台湾、东海、南海等海域。

❖ 经济利用

中小型食用鱼，因特殊的游动方式也可用于观赏。

· 伏氏眶棘鲈 *Scolopsis vosmeri*

❖ 形态特征

伏氏眶棘鲈栖息于礁沙混合区或礁岩外围的沙地上，体背为红褐色，腹部侧面为白色，鳃盖上有1块半月形白斑，头部鳞片直到鼻孔附近，鳃盖骨后部边缘有锯齿。

伏氏眶棘鲈主要以小型底栖无脊椎动物为食。

❖ 分布

分布于印度-西太平洋区，包括东非、红海、阿拉伯海、马达加斯加、科摩罗、留尼汪、毛里求斯、塞舌尔群岛、波斯湾、马尔代夫、巴基斯坦、印度、斯里兰卡、琉球群岛、菲律宾、印尼、越南、马来西亚、新加坡、泰国、缅甸、安达曼群岛、澳大利亚西北部。在我国分布于台湾、东海、南海等海域。

❖ 经济利用

食用鱼，味美，适合红烧。

· 三带眶棘鲈 *Scolopsis trilineata*

❖ 形态特征

三带眶棘鲈，幼鱼栖息于外海海面的漂浮海藻床间，成鱼栖息于礁沙混合区或礁岩间，鱼体为黄褐色，腹侧为银白色，体侧有褐色栅栏状带纹，背鳍鳍棘前部有1块黑斑，该鱼种体形为椭圆形，腹鳍为丝状鳍条。

三带眶棘鲈主要以小型底栖无脊椎动物、多毛类、甲壳类作为食物。

❖ 分布

分布于东印度洋、西太平洋区，包括琉球群岛、菲律宾、印尼、越南、马来西亚、新加坡、泰国、缅甸、安达曼群岛、澳大利亚北部、所罗门群岛、新喀里多尼亚、马里亚纳群岛、斐济群岛、马绍尔群岛、帕劳、密克罗尼西亚、瓦努阿图、汤加。在我国分布于东海、南海、台湾等海域。

❖ 经济利用

中小型食用鱼，可以抹盐后煎食或烧烤。

· 鯻科 Terapontidae

· 条纹鯻 *Terapon theraps*

❖ 形态特征

条纹鯻主要栖息于沿海、河川及河口区沙泥，体背为褐色，腹侧为银白色，体侧有黑褐色纵带，颌齿的外侧比较大。该鱼种体形为圆锥形，后颞骨外露，边缘带有小锯齿。

条纹鯻主要以小型鱼类、甲壳类、无脊椎动物为食。

❖ 分布

分布于印度洋北部沿岸、红海，东至澳大利亚，北至朝鲜、日本。在我国，分布于南海、台湾、东海等海域。

❖ 经济利用

小中型食用鱼，经济价值高，清蒸、红烧、煮汤皆宜。

· 隆头鱼科 Labridae

· 露珠盔鱼 *Coris gaimard*

❖ 形态特征

露珠盔鱼主要栖息于温暖的珊瑚礁区，从潮间带到深约50米的水域都可见到，幼鱼体表颜色为红色，头、体披有3块~4块白色鞍斑，成鱼体表颜色为黑褐色，背鳍、臀鳍均为红色，头部有1条绿色斜带，体侧密布蓝色小点，尾鳍颜色为黄色，背鳍后部边缘为圆弧形。

露珠盔鱼主要以无脊椎动物为食。

❖ 分布

分布于太平洋区，包括日本、菲律宾、印度尼西亚、越南、新几内亚、新喀里多尼亚、澳大利亚、马里亚纳群岛、马绍尔群岛、密克罗尼西亚、所罗门群岛、斐济群岛、帕劳、东加、瓦努阿图、诺鲁、圣诞岛、夏威夷群岛、波利尼西亚、西萨摩亚、萨摩亚群岛。在中国分布于台湾、南海等海域。

❖ 经济利用

高价值的观赏鱼类，很少供食用。

· 波纹唇鱼 *Cheilinus undulatus*

❖ 形态特征

波纹唇鱼主要栖息于陡峭的礁岩斜坡、海流道斜坡和潟湖的礁岩上，深度2米~60米，幼鱼体表为灰褐色，每个鳞片上均有黑斑，眼后有2条黑纹，背鳍、臀鳍的基底均有鳞鞘，后边缘比较尖。

波纹唇鱼主要以鱼类、底栖动物为食。

❖ 分布

分布于红海、印度洋非洲东岸至太平洋中部。在我国分布于台湾和南海等海域。

❖ 保护级别

世界自然保护联盟（IUCN）濒危物种红色名录：濒危（EN）。

国家重点保护野生动物等级：二级（仅限野外种群）。

· 新月锦鱼 *Thalassoma lunare*

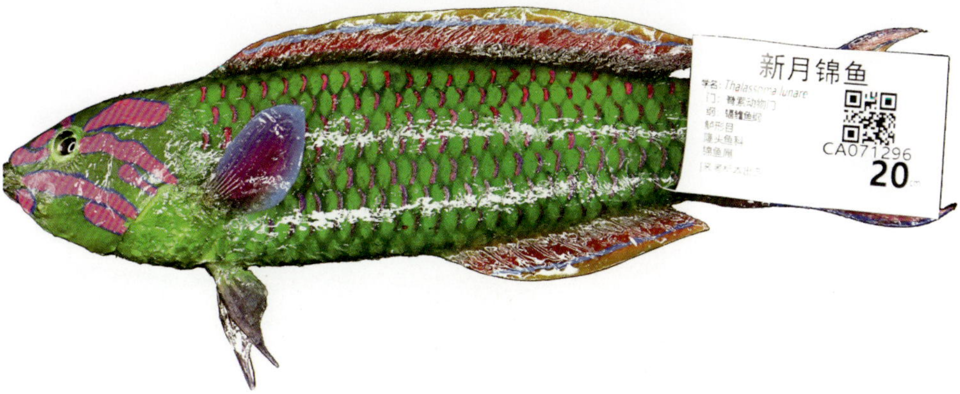

❖ 形态特征

新月锦鱼主要栖息于岩礁及珊瑚礁海区，体表为暗绿色，幼鱼尾鳍为淡红色，后面边缘为圆弧形或截形，背鳍和尾柄各有1个黑色小斑点，成鱼的尾鳍上、下叶伸长，中间为黄色，形状为新月形，眼部周围有放射状红线，体侧每个鳞片有1条紫色线纹。

新月锦鱼主要以小型无脊椎动物为食。

❖ 分布

分布于印度洋-太平洋区，包括东非、红海、波斯湾、马尔代夫、斯里兰卡、安达曼海、印度、泰国、日本南部、越南、菲律宾、印尼、新几内亚、马来西亚、澳大利亚、罗德豪岛、新喀里多尼亚、所罗门群岛、帕劳、密克罗尼西亚、马里亚纳群岛、马绍尔群岛、诺鲁、斐济群岛、夏威夷群岛、法属波利尼西亚、瓦努阿图、新西兰北部。在中国分布于台湾、南海等海域。

❖ 经济利用

可食，但多不作食用，一般用于观赏。

· 黑鳍厚唇鱼 *Hemigymnus melapterus*

❖ 形态特征

黑鳍厚唇鱼主要栖息于珊瑚礁海域，体侧从背鳍到臀鳍前有1条褐色宽横带，体前半部为灰白色，后半部为黑褐色，尾鳍和尾柄均为黄色，该鱼种除眼睛下方有1列小鳞片外，头部没有鳞片。

黑鳍厚唇鱼主要以蛤蜊、甲壳类动物、片足类、虾、海胆、螺、海星为食。

❖ 分布

分布于印度洋非洲东岸至太平洋中部，北至日本。在中国分布于台湾、南海诸岛、海南岛等。

❖ 经济利用

观赏鱼。

· 花尾美鳍鱼 *Novaculichthys taeniourus*

❖ 形态特征

花尾美鳍鱼主要栖息于潮流温和的半开放珊瑚礁平台或潮池混有碎石和沙的地方，体表为褐色，背鳍膜有黄色与黑色相连的两圆斑，眼后有4条褐色镶绿边的放射状纹，体侧每个鳞片有1条绿色斜条，背鳍、臀鳍均有绿色网状纹，尾鳍有橘黄色横带。

花尾美鳍鱼主要以甲壳类、蜗牛、虾、海星、小鱼、虫及其他无脊椎动物为食。

❖ 分布

分布于印度洋非洲东岸至太平洋中部，北至日本。在我国分布于台湾和南海等海域。

❖ 经济利用

食用鱼。

· 紫锦鱼 *Thalassoma purpureum*

❖ 形态特征

紫锦鱼主要栖息于岩礁海域，雄鱼体表全为蓝绿色，体侧有2条粉红色纵带；头部为蓝绿色，眼后下缘有1条粉红色带，延伸至鳃盖缘，此带接近鳃盖缘时分叉，上唇有1条粉红色细线，吻背及眼眶间隔后各有1块粉红色斑；胸鳍基下方有1块粉红色的“Y”字形斑；背鳍及臀鳍均为蓝绿色，鳍中央均有1条粉红纵带；尾鳍为深褐色，鳍末缘端为蓝色。雌鱼头深褐色，体表为褐色，色带与雄鱼一样。

紫锦鱼主要以小鱼、海胆、甲壳及多毛类动物为食。

❖ 分布

分布在印度洋-太平洋区，包括红海、东非、南非、马达加斯加、科摩罗、毛里求斯、塞舌尔群岛、马尔代夫、印度、斯里兰卡、日本、越南、泰国、马来西亚、菲律宾、印度尼西亚、新几内亚、新喀里多尼亚、澳大利亚、罗德豪岛、帕拉群岛、帕劳、密克罗尼西亚、所罗门群岛、马里亚纳群岛、马绍尔群岛、波利尼西亚、夏威夷群岛、复活节岛、萨摩亚群岛、斐济群岛、图瓦卢、基里巴斯、东加、诺鲁。在中国分布于台湾、南海等海域。

❖ 经济利用

体色鲜艳，适合水族观赏，亦可食用，肉质鲜美，但易烂，故宜红烧，不宜煮汤。

· 双带普提鱼 *Bodianus bilunulatus*

❖ 形态特征

双带普提鱼主要栖息于外海斜坡有沙石底质的区域，体表上半部分为粉红色，下半部分颜色较浅，体侧还有红色纵纹，从背鳍后面直到尾柄上方有1块大黑斑，幼鱼可长达臀鳍，背鳍前部有黑点。

双带普提鱼主要以软体动物、甲壳类为食。

❖ 分布

分布于印度洋-太平洋区，包括东非、南非、马达加斯加、毛里求斯、塞舌尔群岛、马尔代夫、日本、菲律宾、印度尼西亚、澳大利亚、库克群岛、夏威夷、波利尼西亚、密克罗尼西亚、马里亚纳群岛、萨摩亚群岛、马绍尔群岛、瑙鲁、所罗门群岛、新喀里多尼亚、斐济群岛、瓦努阿图、基里巴斯、汤加。在中国分布于台湾、南海等海域。

· 洛神连鳍唇鱼 *Xyrichtys dea*

❖ 形态特征

洛神连鳍唇鱼主要栖息于珊瑚礁海域，体背为紫红色，腹侧为淡黄色，体侧有4条深红色宽横带，胸鳍上方有青斑。

洛神连鳍唇鱼主要以小型甲壳类为食。

❖ 分布

分布于印度-西太平洋区，包括印度、日本、韩国、菲律宾、印尼、澳大利亚北部。在我国分布于南海、台湾等海域。

❖ 经济利用

可食用或作为观赏鱼。

· 白点大咽齿鲷 *Macropharyngodon bipartitus bipartitus*

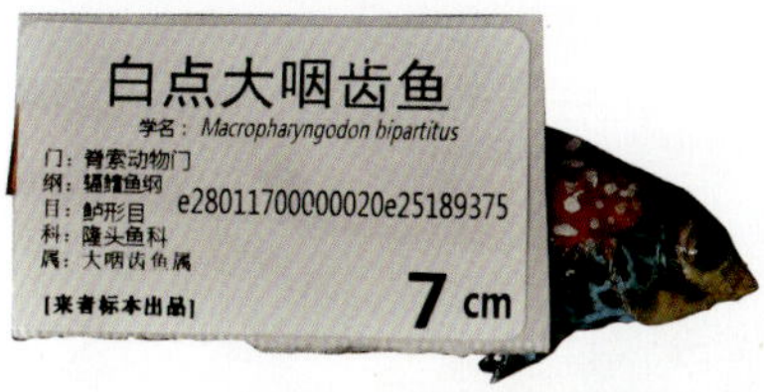

❖ 形态特征

白点大咽齿鲷，俗称蓝肚豹纹龙，主要栖息于潟湖和受保护的临海珊瑚礁，侧线连续，一直连接到后部分。该鱼种背鳍鳍棘8根~9根，鳞片较小，一般侧线鳞超过50片。

白点大咽齿鲷主要以无脊椎动物为食。

❖ 分布

分布于西印度洋区的东非至南非纳塔尔海域。

❖ 经济利用

可作为观赏鱼。

· 横带唇鱼 *Cheilinus fasciatus*

❖ 形态特征

横带唇鱼，主要栖息于珊瑚茂盛的礁沙混合区，幼鱼为红棕色，有8条~9条白色细横带，随着长大，白带慢慢变宽，体色由红棕色转为暗褐色，胸鳍附近有橘红色大斑，成鱼则完全转为黑横带，红色区域大而显眼，尾鳍由截形变成上、下叶延伸，老成鱼的额头还会如同长肿瘤一般突出。

横带唇鱼主要以小型底栖动物为食。

❖ 分布

分布印度洋-太平洋区，东非、红海、留尼汪、塞舌尔群岛、毛里求斯、马尔代夫、印度、缅甸、马来西亚、泰国、日本、印尼、菲律宾、澳大利亚、马里亚纳群岛、新喀里多尼亚、帕劳、密克罗尼西亚、马绍尔群岛、库克群岛、关岛、萨摩亚群岛、东加、万纳杜。在我国分布于沿海和台湾海域。

❖ 经济利用

可作为观赏鱼。

· 管唇鱼 *Cheilio inermis*

❖ 形态特征

管唇鱼，主要栖息于沿海珊瑚礁区，身体细长，形状为圆柱形，体侧偏扁，唇部较厚，内侧有纵褶，其中褶边缘为锯齿形状，体被小圆鳞片，颊部有鳞片，尾鳍形状为圆形。

❖ 分布

分布在印度洋-太平洋区，从红海、东非至夏威夷群岛、复活节岛，北至日本南部，南迄豪勋爵岛等海域。

· 斑点海猪鱼 *Halichoeres margaritaceus*

❖ 形态特征

斑点海猪鱼，体侧扁，体色变化大。幼鱼及雌鱼为浅灰色，体侧有数条暗色横带，腹部与头部下方为白色，背鳍中央有眼状斑；成年雄鱼体为草绿色，有不均匀暗色横带，头部有红色条纹，特征是眼下条纹为2条直走纵纹。尾鳍截形，体长可达12.5厘米。该鱼种栖息于礁岩平台，夜晚潜沙而眠，具性转变。

斑点海猪鱼属肉食性，以小型无脊椎动物为食。

❖ 分布

分布于印度洋-太平洋区，包括莫桑比克、泰国、中国南海、日本、越南、菲律宾、印度尼西亚、澳大利亚、密克罗尼西亚、马里亚纳群岛、新西兰、帕劳、圣诞岛、所罗门群岛、可可群岛、关岛、斐济、马绍尔群岛、基里巴斯、库克群岛、法属波利尼西亚、东加、萨摩亚群岛等海域。

❖ 经济利用

可食用或作为观赏鱼。

· 粗猪齿鱼 *Choerodon robustus*

❖ 形态特征

粗猪齿鱼，俗称石老四齿仔、西齿、番帘仔、粗寒鲷等。体长，呈长卵圆形，头部背面轮廓圆突，上、下颌突出，前端有四大犬齿。背鳍连续，腹鳍不成丝状，侧线连续、平滑。颊部与鳃盖被鳞，下颌无鳞。体上半前部红橙至粉红褐色，胸鳍基至背鳍基后部有1条褐色斜纹，体下半后部白色至黄色，尾柄具许多水平排列蓝点。头部有2条蓝纹，颌蓝色，背鳍与臀鳍黄色具蓝纹，尾鳍黄色，上下缘具蓝纹。主要栖息在礁区、沙泥底、近海沿岸，栖息深度为40米~100米，最大体长为35厘米左右。

❖ 分布

分布于印度-西太平洋区，由红海、波斯湾及东非到马尔代夫及印度尼西亚，北至琉球群岛。在中国分布于南海海域。

❖ 经济利用

经济性食用鱼类、观赏鱼类。

· 单带尖唇鱼 *Oxycheilinus unifasciatus*

❖ 形态特征

单带尖唇鱼又名单带龙、汕散仔、阔嘴郎、单带鹦鲷、玫瑰鹦鲷，体呈长卵圆形，头尖。吻中长，突出；口端位，下颌稍突出；上下颌每侧前方有1颗犬齿，每侧有一列圆锥齿，无后犬齿。前鳃盖骨边缘有锯齿，左右鳃膜愈合，不与峡部相逢。体被大圆鳞，鳃盖有3列鳞，腹鳍尖形，尾鳍圆形。雌鱼体色黄褐至红褐色，体背部色深，各鳞片有1条横纹；头部偏绿色，有不规则橙红色斑点及短纹；眼周围则呈辐射状，眼后有2条平行纵线至胸鳍基上方；尾柄前有白色横带；各鳍红褐色，腹鳍末端白色。雄鱼腹部色淡，眼后纵线之间有白色带，其余与雌鱼相同。主要栖息于温暖珊瑚礁区，喜爱独游在干净、清澈且珊瑚生长旺盛的礁湖区，以及面向大海的礁区，深度在1米～160米。

单带尖唇鱼以小鱼、小虾及其他甲壳类生物为食。

❖ 分布

分布于印度洋-太平洋区，由圣诞岛到夏威夷、马贵斯及土木土群岛，中国南海、新加勒多尼亚及拉帕海域等海域。

❖ 经济利用

适合水族观赏的鱼类，有毒鱼类。

· 钝头锦鱼 *Thalassoma amblycephalum*

❖ 形态特征

钝头锦鱼，体侧扁。雌鱼与初级雄鱼背部绿色，有1条黑色宽纵带，腹部淡黄，尾鳍截形。终期雄鱼头部蓝色，中段黄色，鱼体粉红，尾鳍上、下叶延长。生活于1米~15米海域。

钝头锦鱼具有肉食性，以小鱼及甲壳类为主。

❖ 分布

分布于印度-西太平洋热带海域。在中国分布于南海及台湾海域。

❖ 经济利用

可食用鱼，观赏鱼。

· 管唇鱼 *Cheilio inermis*

❖ 形态特征

管唇鱼，体细长，略呈圆柱形，稍侧扁，头尖、吻长、口大，口能伸出，唇厚，内侧有纵褶，褶边缘呈锯齿状，颌齿1行，尖短，前端有1对大犬齿，口角无犬齿，体被小圆鳞，颊部有鳞，侧线完全，尾鳍圆形。

❖ 分布

分布于红海、印度洋非洲东岸至太平洋中部，北至琉球群岛。

❖ 经济利用

海洋生态鱼类。

· 哈氏海猪鱼♀ *Halichoeres hartzfeldii*

❖ 形态特征

哈氏海猪鱼，体长，侧扁，眼间隔稍突。口端位，稍倾斜，上、下颌各有4和2颗犬齿，后犬齿极大。头部无鳞，鳍无鞘鳞。幼、雌鱼尾鳍稍圆，体色会因体型大小或雌雄而有所不同，体侧中央由眼睛后方至尾柄末端有1条明显的黄色纵带，这也是该鱼种的重要特征，黄色纵带的末端上方有1个～3个暗褐色斑点，有时不太明显。背鳍和臀鳍上略有淡黄色的条纹。一般来说，幼鱼的体色淡白且纵带为暗褐色，雌鱼体背部则呈浅粉色。

❖ 分布

分布于西太平洋热带海域。我国南海海域及台湾海域有分布。

❖ 经济利用

小型隆头鱼，体色鲜艳，是较适合水族观赏的鱼类，但它常会钻入沙中，不易看见。可食用，但个体小，食用价值较小。

· 哈氏海猪鱼♂ *Halichoeres hartzfeldii*

❖ 形态特征

哈氏海猪鱼，体长，侧扁，眼间隔稍突。口端位，稍倾斜；上、下颌各有4和2颗犬齿，后犬齿极大。头部无鳞，鳍无鞘鳞。背鳍软条部稍高于棘部，腹鳍第1棘不延长至肛门。一般来说，幼鱼的体色淡白且纵带为暗褐色，雄鱼的体色为青色且头部具粉红色的斑纹。

❖ 分布

分布于西太平洋热带海域。我国南海及台湾海域有分布。

❖ 经济利用

小型隆头鱼，体色鲜艳，是较适合水族观赏的鱼类，但它常会钻入沙中，不易看见。可食用，但个体小，食用价值较小。

· 黑背连鳍唇鱼 *Xyrichtys geisha*

❖ 形态特征

黑背连鳍唇鱼，体极侧扁；背缘锐脊状，高陡隆起；头部眼上方圆，往下至吻部近于垂直。吻钝；口中大，前位，可略向前伸出；上下颌各有锥形牙1行，前端各有弯形犬齿各1对。前鳃盖边缘有锯齿，体被中大圆鳞；眼下方被有少数鳞列，而未达口后缘；侧线中断，不连续。尾鳍圆形，体呈橘黄至橘红色，体侧鳞片后部淡色，体背侧及腹面黑色；头呈橘黄至橘红色，腹面白色，吻端至头背黑色，眼下无横纹；背、臀鳍黑色；胸鳍除基部黑色外，余皆淡色；尾鳍上叶淡色，下叶黑色。

❖ 分布

分布于西太平洋区，由日本至关岛及塞班等海域。中国南海海域有分布。

❖ 经济利用

中小型隆头鱼，体色多彩多姿，是较适合水族观赏的鱼类，非食用经济鱼种。

· 黑尾海猪鱼 *Halichoeres melanurus*

❖ 形态特征

黑尾海猪鱼又称黄斑海猪鱼、橙线龙、花猪龙，体长，侧扁，眼间隔稍突。口端位，稍倾斜；上颌达前鼻孔下方；齿锥状或尖状，上下颌各有4和2颗犬齿。除眼后上方外，头部无鳞。背鳍棘部尖硬，后部较前部高；背鳍与臀鳍软条后部尖形；腹鳍第1棘稍延长；尾鳍圆形。幼鱼蓝绿色，头及体有许多黄色的平行细纵纹，背鳍中央及前方、至尾鳍基各有1块镶蓝边的黑斑。成鱼体蓝绿色，体上半部有5条不明显的褐色横带，身体前半部及头部有红色的水平纵纹，体侧眼斑渐消失，背鳍及臀鳍黄色有红色纵纹，尾鳍有弧形的红纹。主要栖息于温暖浅水珊瑚礁区及岩岸海域，深度约15米以浅的海域。

❖ 分布

分布于印度-西太平洋区，由日本至澳大利亚海域，东至萨摩亚及东加等。在我国的南海、台湾海域皆有分布。

❖ 经济利用

可食用，但个体小，食用价值较小。

· 黄尾阿南鱼 *Anampses meleagrides*

❖ 形态特征

黄尾阿南鱼，体长形，侧扁。口小，唇稍厚，内侧有皱褶。上、下颌前方各有1对向前伸出门状齿，扁平而有切截缘。体被大或中大鳞，头部眼前无鳞，胸部鳞片较大，侧线连续。幼鱼尾鳍圆型，成鱼凹型至截型。体色随鱼龄及性别而异：雌鱼体黑褐色，吻部前侧红色，体侧每一鳞片有小白圆点，尾鳍黄色；雄鱼体、鳍黑褐色，体侧每一鳞片有细蓝线，尾鳍末缘具1条弧形蓝线，线后至鳍缘色较淡。

❖ 分布

分布于印度洋-太平洋区，由红海及东非岸边至萨摩亚，北至琉球，南至新喀里多尼亚及东加等海域。

❖ 经济利用

观赏鱼。

· 花鳍副海猪鱼 *Parajulis poecilepterus*

❖ 形态特征

花鳍副海猪鱼俗名红点龙、红倍良（母）、青倍良（公）、花翅儒艮鲷、花鳍儒艮鲷等。体长，侧扁。吻较长，尖突。前鼻孔具短管。口小，上颌有犬齿4枚，外侧两枚向后方弯曲。前鳃盖后缘具锯齿，鳃盖膜常与峡部相连。体被中大圆鳞，胸部鳞片小于体侧，颊部无鳞，背鳍与臀鳍无鞘鳞。侧线完全，在尾柄前方急剧向下降。体背侧淡黄褐色，体腹侧淡黄色至白色，体侧从吻端经眼至尾鳍基具1条黑色宽纵带，背鳍基部另具1条黑色窄纵带，各鳞片具1个橙红色至鲜黄色点，越近背侧色越偏红，各鳍均淡色，背鳍、臀鳍具成纵列的橙红色至橙黄色点，背鳍前方硬棘间无黑斑，尾鳍具成横列的红点。雌鱼头部黑纵带下方呈淡黄色至白色，眼下从口角至鳃盖缘另具1条不显之细橙纹，上方淡红色，胸鳍上方的大黑斑不显；雄鱼头部色较深，体侧纵带色较淡，但胸鳍上方具1块大黑斑，头部的黑纵带不明显，而是在眼前至吻端具1条橙色细纹，眼下从口角至鳃盖缘另具1条橙色纹。主要栖息于珊瑚礁外缘的沙地或独立礁区，栖息在水深5米～20米的水域，夜晚潜沙而眠。

花鳍副海猪鱼主要以底栖性动物为食。

❖ 分布

分布于西北太平洋区，包括韩国及日本等海域。在我国分布于南海南部、香港等海域。

❖ 经济利用

中大型的隆头鱼，体色鲜艳，是适合水族观赏的鱼类，亦可食用，肉质鲜美，但易糜烂，故宜红烧，不宜煮汤。

· 鞍斑锦鱼 *Thalassoma hardwicke*

❖ 形态特征

鞍斑锦鱼又称哈氏锦鱼、六间龙等。体侧扁，头部绿色，有数道粉红色斜纹。成鱼体为绿色，有6条墨绿色宽横带，幼鱼体色较淡，横带也较短，成鱼尾鳍上、下叶略微延长。锦鱼属热带地区近岸珊瑚礁海域生活的鱼类，色彩丰富，生活于1米～15米海域。幼鱼常在潮池中出现，并在珊瑚头上活动，遇危险则躲入珊瑚枝条中；成鱼栖息在珊瑚礁茂盛但夹杂少许沙地的地区，活动力强，主要以摆动胸鳍的方式游泳。

鞍斑锦鱼属肉食性，以小鱼及甲壳类为食。

❖ 分布

分布于非洲东部沿岸，东至日本海南部，南至澳大利亚的广阔海域。

❖ 经济利用

食用鱼，可作为观赏鱼。

· 西氏拟隆头鱼 *Pseudolabrus sieboldi*

❖ 形态特征

西氏拟隆头鱼体长椭圆形，侧扁，背缘与腹缘隆起，吻尖突。唇中等肥厚，下唇中裂，形成小型肉垂。眼间隔宽，上下颌约等长，上下颌各具1列锥状齿，前端具1对犬齿。前鳃盖骨后缘平滑，鳃盖膜不与峡部相连，鳃耙短尖。体被中大圆鳞，尾鳍后缘截形。体呈橙色至红褐色，眼上下缘各具1条相对的平行线，下行线水平延伸至胸鳍基部上方（雄鱼），或鳃盖中部（雌鱼）。主要栖息于岩礁区域。

❖ 分布

分布于西北太平洋区，日本本州以南至我国南海之间的海域。

❖ 经济利用

中小型隆头鱼，体色鲜艳，是适合水族观赏的鱼类，非食用经济鱼种。

· 詹氏锦鱼 *Thalassoma jansenii*

❖ 形态特征

詹氏锦鱼，体侧扁，幼鱼与成鱼体色变化不大。幼鱼体白色，上半部具不规则的黑色宽横带，尾鳍截形；成鱼的斜黑横带较宽长，且有黄色夹杂其中，尾鳍上、下叶略为延长。生活于1米～15米海域，活动力强，主要以摆动胸鳍的方式游泳。

詹氏锦鱼具肉食性，以小型底栖无脊椎动物为食。

❖ 分布

分布于印度-西太平洋热带海域。在我国分布于南海及台湾海域。

❖ 经济利用

可食用鱼，观赏鱼。

· 棕点石斑鱼 *Epinephelus fuscoguttatus*

❖ 形态特征

棕点石斑鱼，主要栖息于潟湖及海湾内独立礁周围水域，也常被发现于外礁斜坡区和清澈水域，体表为淡黄棕色，每个鳍均密布瞳孔大小的斑点，体侧也有不规则斑纹，尾柄背部有鞍斑。

棕点石斑鱼主要以鱼类、甲壳类为食。

❖ 分布

分布于红海、印度洋非洲东岸至太平洋波利尼西亚，北达琉球群岛，南至澳大利亚。在中国分布于台湾以及南海等海域。

❖ 经济利用

食用鱼、观赏鱼。

· 燕赤鮨 *Chelidoperca hirundinacea*

❖ 形态特征

燕赤鮨，主要栖息于深水岩礁区或附近的沙泥底，体表为深红色至红褐色，后方较暗，头部有许多细小橘红色点及不规则红褐色斑驳，体侧有6条不规则横带和细小淡斑，背鳍及臀鳍软条部有许多细小橘红色点，鳍膜边缘颜色为橘色，橘红色腹鳍边缘为蓝色，尾鳍有2条淡色斜带，斜带间有许多淡色斑点，斜带外为红色兼有白色边缘。

燕赤鮨主要以底栖动物、小鱼为食。

❖ 分布

本鱼分布于日本至中国南海海域。

❖ 经济利用

可食用，但产量很少，不具经济价值，另可作观赏用。

· 斑点九棘鲈 *Cephalopholis argus*

❖ 形态特征

斑点九棘鲈，主要栖息于热带珊瑚礁区，体表为暗褐色或紫色，密布带黑边的蓝色小斑点，背鳍鳍棘部有橙色边缘，体侧有黑褐色横带，背鳍、胸鳍、臀鳍、尾鳍均有白点。

斑点九棘鲈主要以小鱼、无脊椎动物为食。

❖ 分布

分布在印度洋–太平洋区，包括红海、印度洋非洲东岸至太平洋中部、东非、澳大利亚、法属波利尼西亚、豪勋爵岛，北至日本南部、小笠原群岛。在我国分布于南海、台湾等海域。

❖ 经济利用

肉质鲜美的食用鱼，适合清蒸或红烧，也可作为观赏鱼。

· 七带九棘鲈 *Cephalopholis igarashiensis*

❖ 形态特征

七带九棘鲈主要栖息于45米~100米的水深，属于游动性较强的鱼类，体背颜色为黄色，有7条红褐色横带，幼鱼背鳍条部有1块大黑斑，胸鳍颜色比较淡，腹鳍部分或全部为黑色。

七带九棘鲈主要以小鱼及无脊椎动物为食。

❖ 分布

分布于太平洋区，包括日本南部、塔希提岛、关岛、萨摩亚群岛、斐济群岛等海域。在中国主要分布于南海、台湾等海域。

❖ 经济利用

肉质细白柔嫩，是制作生鱼片的上好原材料，采用其他烹煮方式均美味。

· 点线鳃棘鲈 *Plectropomus oligacanthus*

❖ 形态特征

点线鳃棘鲈，主要栖息于外海礁坡，头，身体和鳍颜色为红棕色至红色，头后部和体前背面伴有水平至倾斜的蓝线，体侧有向前的垂直蓝线，胸鳍和身体其他地方有许多蓝点，背鳍、臀鳍有蓝线和蓝点，胸鳍为淡黄色且在鳍条基部2/3处为暗棕色，与鳍基部有小部分蓝线，腹鳍鳍条为棕红色，膜为蓝色。

点线鳃棘鲈主要以甲壳类、鱼类为食。

❖ 分布

分布于西太平洋区，包括菲律宾、印尼、巴布亚新几内亚、澳大利亚东北部、加罗林群岛、马绍尔群岛、所罗门群岛等海域。

❖ 经济利用

食用鱼。

· 褐带石斑鱼 *Epinephelus bruneus*

❖ 形态特征

褐带石斑鱼，主要栖息于水质清澈的珊瑚礁、潟湖，成鱼头部及体侧颜色为灰褐色，体侧横带、斑块常常不显，仅有呈线状或斑驳状散布的淡灰色小点，臀鳍下缘和尾鳍下角有白色边缘；幼鱼为淡黄褐色，体侧有6条不规则的暗色横带，其中另散布淡色斑块，背鳍硬棘、鳍膜尖端有橘黄色的三角形斑块。

褐带石斑鱼主要以甲壳类、鱼类、头足类为食。

❖ 分布

分布于日本、韩国、菲律宾以及越南海域。在中国主要分布于台湾、香港等海域。

❖ 保护级别

世界自然保护联盟（IUCN）濒危物种红色名录：易危（VU）。

· 斑鳃棘鲈 *Plectropomus maculatus*

❖ 形态特征

斑鳃棘鲈，主要栖息于水质清澈的珊瑚礁、潟湖，体表颜色为橙色，头、体和臀鳍散布许多蓝色斑，位于体前部的蓝色斑多呈短线状或椭圆形点，而体后部斑点则较圆。

斑鳃棘鲈主要以底栖动物、甲壳类、小型鱼类、虾类、浮游生物为食。

❖ 分布

分布于西太平洋区，包括中国南海、泰国、新加坡、菲律宾、印尼、巴布亚新几内亚、澳大利亚、所罗门群岛等海域。

❖ 经济利用

颜色鲜艳，性情凶猛，适合饲养在凶猛鱼的混养缸。

· 布氏石斑鱼 *Epinephelus bleekeri*

❖ 形态特征

布氏石斑鱼，主要栖息于近岸岩礁区及临近的水深30米~105米的软底质海域，体表为灰褐色或紫褐色，密布金黄色或橘黄色斑点，尾鳍1/3为浅褐色且有黄色斑点，2/3暗紫灰色。

布氏石斑鱼主要以甲壳类、鱼类为食。

❖ 分布

分布于印度洋和太平洋西部。在中国分布于台湾以及南海等海域。

❖ 经济利用

可食用鱼。

· 七带石斑鱼 *Hyporthodus septemfasciatus*

❖ 形态特征

七带石斑鱼，主要栖息于沿岸之礁区，栖息深度在5米~30米的水层，体表为褐色，体侧有7条暗褐色横带，尾鳍有白色边缘，随幼鱼到成鱼，条带逐渐消失。该鱼种为长椭圆形，上颌的骨骼可达瞳孔后下方，前鳃盖骨后面有细锯齿，隅角有较大棘，下缘光滑。

七带石斑鱼主要以甲壳类、小型鱼类为食。

❖ 分布

分布于西北太平洋区，包括韩国、日本。在我国，分布于东海、台湾等海域。

❖ 经济利用

具经济性的食用鱼，风味佳，可清蒸、红烧、煮汤，现已可人工养殖。

· 许氏菱牙鮨 *Caprodon schlegelii*

❖ 形态特征

许氏菱牙鮨，主要栖息于近海大陆棚的礁石区，雄性体表为黄赤色，体侧黄色斑纹偏多，头部遍布黄色线条，背鳍上有黑斑；雌性体表为橙红色，体背侧有数块褐色斑块。该鱼种体形偏扁，体长要比体高大2.6倍~2.7倍，胸鳍比头部长。

❖ 分布

分布于太平洋区，包括日本南部、夏威夷群岛、澳大利亚、智利。在我国分布于台湾、东海等海域。

❖ 保护级别

中国物种红色名录（No.3265）：易危（VU）。

· 雷拖氏石斑鱼 *Epinephelus retouti*

❖ 形态特征

雷拖氏石斑鱼，主要栖息于较深的岩礁区，幼鱼一般栖息深度在20米~40米，成鱼则在70米~220米，体表为橘红色，并具有不明显的横带。背鳍鳍棘外边缘为红色，鳍条部和尾鳍后边缘为黑色。该鱼种为椭圆形，前鳃盖骨后面边缘有小锯齿，隅角棘稍长。

雷拖氏石斑鱼主要以鱼类、甲壳类、软体动物为食。

❖ 分布

分布于印度洋-太平洋区，从东非至法属波利尼西亚海域。

❖ 经济利用

食用鱼，不具经济性。

· 鞍带石斑鱼 *Epinephelus lanceolatus*

❖ 形态特征

鞍带石斑鱼俗名龙趸、龙胆石斑鱼等。鱼体呈长椭圆形，侧扁，尾鳍后端为圆形，前鳃盖骨后缘有锯齿，下缘光滑带裙边，鳃盖骨后缘具2个粗棘，头部除吻端及上、下颌外，均被细小栉鳞，侧线完全与背缘平行，背鳍鳍棘与鳍条部相连，无缺刻，除腹鳍外，各鳍呈黄色，并布满黑色小圆点，体侧有5条～7条横向斑纹。鞍带石斑鱼是石斑鱼类中体型最大的种类，被称为“斑王”，最大可以长到2.7米、体重440千克。鞍带石斑鱼通常居住在沿珊瑚礁区的洞穴或岩缝中，栖息深度1米～150米，为暖水性、中下层珊瑚礁鱼类。栖息水层随水温变化。

鞍带石斑鱼主要以小鲨鱼及小海龟等数种海洋生物为食。

❖ 分布

分布于太平洋和印度洋热带及亚热带海区。在中国分布于南海和东海，主要在海南和广东沿海养殖。

❖ 经济利用

高经济价值的食用鱼，在澳大利亚昆士兰鞍带石斑鱼被认为是最具代表性的海洋生物之一。

· 白边侧牙鲈 *Variola albimarginata*

❖ 形态特征

白边侧牙鲈，体长椭圆形，头中大、头长稍大于体高。眶间区稍圆突，前鳃盖骨缘光滑。鳃盖骨后缘具3根扁平棘，体被细小栉鳞；背鳍鳍棘部与软条部相连，无缺刻；腹鳍腹位，末端延伸不及肛门开口；胸鳍圆形，中央之鳍条长于上、下方的鳍条，且长于腹鳍，但短于后眼眶长；尾鳍弯月形。体深红色，体侧具不规则的浅红色水平线或斜线，浅红色线纹间另穿插有黄色窄线纹，红色线纹有时是由淡蓝色至粉红色的不规则小斑点构成；尾鳍具半月形之窄白缘，内侧另具1条黑色窄带。幼鱼体色略同于成鱼，但体侧红缘淡蓝斑点大而少，无黑色纵带，尾柄无大黑斑。栖息于水深4米～200米处沿岸、岛屿、外礁等礁石区海域。

白边侧牙鲈以礁区小鱼及甲壳类为食。

❖ 分布

分布于印度洋-太平洋的热带及亚热带海域，西起非洲东部沿岸，东至萨摩亚，北至日本南部，南至澳大利亚。

❖ 经济利用

可食用经济鱼类。

· 白星石斑鱼 *Epinephelus summana*

❖ 形态特征

白星石斑鱼，体表呈深褐色到黑色，全身布满白色斑点。鱼体大，侧扁。体被细栉鳞，侧线完全。口大，稍倾斜。有发达的辅上颌骨。两颌前端有少数大犬牙，两侧牙细尖。

❖ 分布

多分布于印度洋。

❖ 经济利用

石斑鱼营养丰富，肉质细嫩洁白，类似鸡肉，素有“海鸡肉”之称。市面上石斑鱼被视为名贵海产。

· 查氏鱵鲈 *Belonoperca chabanaudi*

❖ 形态特征

查氏鱵鲈，体细长，主色调呈暗蓝灰色至棕色或黑色，全身布有细小黑点。尾柄上部有1个明亮的黄色马鞍状斑点，在棘、背鳍及腹鳍上有含浅蓝色条纹的黑斑。幼鱼身体后部呈黄色。查氏鱵鲈主要栖息于珊瑚茂盛的陡坡区，水深4米～50米处水域，通常可见其在中水层的礁石洞穴。具有夜行性，受到致命的捕食威胁时，查氏鱵鲈可能会从皮肤分泌线纹鱼毒素来保护自己，这些毒素混合着黏液可以溶于水中，使水如同肥皂般起泡，足以杀死其他鱼类。

查氏鱵鲈一般以小型鱼类和虾类为食。

❖ 分布

分布于印度洋-太平洋区，西起非洲东部，东至萨摩亚，北至日本，南至新加勒多尼亚。

❖ 经济利用

观赏鱼。

· 玳瑁石斑鱼 *Epinephelus quoyanus*

❖ 形态特征

玳瑁石斑鱼，体椭圆形，侧扁而粗壮，头背部斜直，眶间区微凸。眼小，口大，两侧齿细尖，下颌2列～3列。头部、体部及各鳍淡色，均密布圆形至六角形暗斑，斑间隔狭窄，自成网状图案。腹部在胸鳍基部前方具两条暗色带，胸鳍斑点不甚显著。主要栖息于近岸碎屑的珊瑚礁区，幼鱼常被发现于潮池。

玳瑁石斑鱼以甲壳类、小鱼及蠕虫为食。

❖ 分布

分布于西太平洋区，由日本至澳大利亚海域。

❖ 经济利用

经济鱼类。

· 点带石斑鱼 *Epinephelus fasciatomaculosus*

❖ 形态特征

点带石斑鱼，体椭圆形，侧扁而粗壮，头背部斜直，眼小口大。鳃耙随着成长而逐渐退化，前鳃盖骨后缘有锯齿，下缘光滑，体被细小栉鳞，尾鳍圆形。头部及体背侧黄褐色，腹侧淡白；头部、体侧及奇鳍散布许多橘褐色或红褐色小点。体侧另具5条不显著、不规则、腹侧分叉且斜向分布的暗横带，第1条在背鳍硬棘前缘，最后1条在尾柄上。在自然环境中喜欢栖居于珊瑚礁、岩礁等光线较暗的地方。

点带石斑鱼属肉食性鱼类，性凶猛，以鱼、虾和头足类等为食。

❖ 分布

分布于印度洋至西太平洋。

❖ 经济利用

点带石斑鱼生长快、适应性强、肉质鲜美、营养丰富，深受人们的喜爱，是东南亚地区及我国名贵的海产鱼类之一，也是重要的海水养殖种类。

· 蜂巢石斑鱼 *Epinephelus merra*

❖ 形态特征

蜂巢石斑鱼，别名网纹石斑鱼、蜂巢格仔、六角格仔、蝴蝶斑、牛屎斑、石斑、过鱼 、花石斑等。蜂蜂巢石斑鱼体呈浅褐色，密被深褐色蜂巢状斑点，腹部斑点间隙较背部为宽。各鳍都有与体色斑点一致的斑点，尾鳍后缘圆形。 腹部平直，有不规则棘状突起。

蜂巢石斑鱼以鱼、虾、蟹类为食。

❖ 分布

主要分布在我国南海和东海南部。

❖ 经济利用

世界上最重要的海洋经济鱼类之一。

· 黑边石斑鱼 *Epinephelus fasciatus*

❖ 形态特征

黑边石斑鱼又称赤石斑鱼，俗名石斑、格仔鱼、赤鲐。体长可达40厘米，重量2千克左右。体呈红橙色，鱼体侧边有5条～6条不太明显横带，眼小口大。体侧扁，体色多变，鱼体大致上为白色，头部上半部与背部为红褐色，体侧有5米～6条模糊的宽横带，夜晚鱼体则变成橘红色。尾鳍截形。体被细小栉鳞。特征是背鳍硬棘尖端为黑色。

黑边石斑鱼主要以鱼、虾、蟹类为食。

❖ 分布

广泛分布于印度洋-太平洋区，包括东非、日本、韩国、中国南海、澳大利亚、豪勋爵岛及太平洋各岛屿附近海域。

❖ 经济利用

观赏鱼。

· 黑缘尾九棘鲈 *Cephalopholis spiloparaea*

❖ 形态特征

黑缘尾九棘鲈，体呈长椭圆形，侧扁，头背部几乎斜直，眶间区平坦或微凹陷，眼小口大，上颌稍能活动，可向前伸出，末端延伸之眼后之下方。前鳃盖圆形，幼鱼后缘略锯齿状，成鱼则平滑；下鳃盖及间鳃盖后缘平滑。体一致为亮红色，无任何散在小点，但有时散在一些红褐色斑驳；各鳍亦一致为亮红色；尾鳍后缘蓝白色，逐渐转为上、下叶内缘具蓝纹；有时背鳍及臀鳍软条部具蓝缘。鱼体长可达22厘米。主要栖息在礁石，栖息深度为15米～108米（通常在30米～108米）。通常由一尾雄鱼及数尾雌鱼组成一种社会形态。

黑缘尾九棘鲈主要以鱼类为食。

❖ 分布

分布于印度-太平洋之热带及亚热带海域。西起非洲东岸，东至法属波利尼西亚，北至日本南部，南迄澳大利亚大堡礁。中国南海北部沿岸均有分布。

❖ 经济利用

可食用鱼。

· 横纹九棘鲈 *Cephalopholis boenak*

❖ 形态特征

横纹九棘鲈，体侧扁，口大。鱼体褐色，具7条～8条深褐色宽横带，特征是头顶中央有1条白色窄纵带，且鳃盖上有1块黑圆斑。尾鳍圆形，上、下叶有黑斑。

❖ 分布

分布于印度-西太平洋亚热带海域。在我国分布于南海海域。

❖ 经济利用

可食用鱼。

· 弧纹石斑鱼 *Epinephelus morrhua*

❖ 形态特征

弧纹石斑鱼俗名吊桥石斑鱼、弓斑石斑鱼。体呈长椭圆形，侧扁而粗壮，头背部斜直，眶间区平坦或略凸。眼小，短于吻长，口大。体被细小栉鳞，胸鳍圆形，尾鳍圆形。在海水中，主要栖息于较深岩礁区，栖息深度在80米～230米。

❖ 分布

分布于印度洋。在中国分布于南海海域。

❖ 经济利用

可食用，具有较高的经济价值。

· 颊条石斑鱼 *Epinephelus heniochus*

❖ 形态特征

颊条石斑鱼，个体呈长椭圆形，侧扁，头长大于体高。口尖，上颌骨后端延至眼后缘下方，上颌前端有圆锥齿2对，两侧外列有1行较大的牙，内侧为绒毛齿；下颌齿疏松多行，排列不规则；犁骨与腭骨有细齿；前鳃盖骨边缘有弱锯齿，鳃盖骨有3个扁平棘；背鳍鳍棘部强大，与鳍条部相连；胸鳍宽大，位低；腹鳍位于胸鳍基部下方；臀鳍有3个鳍棘，尾鳍圆形；体被小栉鳞；侧线完全延至尾鳍基部。石斑鱼类多栖息于岩礁底质海区，一般不结成大群，常年均可捕到。

❖ 分布

分布于太平洋、印度洋和大西洋。在中国主要分布于南海和东海。

❖ 经济利用

海产经济鱼类的一种。

· 刺盖拟花鮨 *Pseudanthias dispar*

❖ 形态特征

刺盖拟花鮨又称金花鲈、金花宝石。幼鱼及未成熟鱼皆为雌鱼，呈橘红色；成熟后，若干鱼变成雄鱼，体色红褐色，鳞片有小黄点，自眼下有1条紫红色带斜向延至胸鳍，除臀鳍色淡外，各鳍为橘红至粉红色且镶蓝缘，胸鳍有1块粉红圆斑；雌鱼一致为橘黄色，自眼下有1条紫红色缘的粉橘色纵带斜向延至胸鳍。拟花鮨属热带地区近岸生活于珊瑚礁区的海水鱼，这种鱼有一个显著特点：当占统治地位的雄鱼死了，族群大一些的雌鱼会变成雄鱼，取代其位置。金花鲈的社会阶级行为明显，小鱼在下，雌鱼居中，少数雄鱼在最上层水域。

刺盖拟花鮨以动物性浮游生物为食。

❖ 分布

分布于太平洋中西部海域。

❖ 经济利用

观赏鱼。

· 单斑牙花鮨 *Odontanthias unimaculatus*

❖ 形态特征

单斑牙花鮨又称单斑金花鲈、花鲈、海金鱼。体长而高，头背部呈弧形，眶间区平坦或略凹陷，吻部短而略钝圆。上颌骨末端延伸至眼中部下方，上、下颌及腭骨、锄骨均有齿，其中锄骨齿带呈菱形。下鳃盖及间鳃盖后缘有锯齿。腹鳍腹位，末端及肛门开口，胸鳍短于头部长，尾鳍内凹形。体呈赤黄色，体侧鳞片均各有1个白点，吻端至胸鳍基部有1条黄带，尾鳍基部无暗色横带。主要栖息于较深水域的岩礁区。

❖ 分布

分布于西北太平洋区。在中国分布于台湾海域。

❖ 经济利用

小型石斑鱼，不是经济性鱼种。偶以延绳钓或底拖网等方式捕获，产量极为稀少。可食用。

· 鲍氏泽鮨 *Saloptia powelli*

❖ 形态特征

鲍氏泽鮨又称山鲈、褒氏贫鲶，俗名为石斑、郭仔。体呈长椭圆形，侧扁而粗壮，头背部斜直，眶间区平坦。眼中大，约等于吻长。口大，上下颌前端有1对犬齿，两侧齿细尖，下颌约2列。前鳃盖骨下缘有3枚前向棘，后缘微具锯齿。体被细小栉鳞，背鳍鳍棘部与软条部相连，无缺刻。体侧、头部及各鳍呈黄色至橘黄色，腹部淡色或淡红色，吻部、唇部、头背部有时带红色。栖息于水深140米～367米处的礁石区或石砾区海域，活动在崎岖不平的珊瑚礁区中，偶尔会离开洞穴到处觅食，游泳能力佳，能迅速地追捕猎物。

鲍氏泽鮨以其他鱼类及甲壳类为食。

❖ 分布

本鱼分布于太平洋区，包括日本、中国南海、社会群岛、马里亚纳群岛、所罗门群岛、斐济群岛、库克群岛等海域。

❖ 经济利用

食用鱼。肉质富弹性，宜做生鱼片，亦可清蒸、红烧及做姜丝汤等。

· 红嘴烟鲈 *Aethaloperca rogaa*

❖ 形态特征

红嘴烟鲈别称烟鲙、烟块斑、黑老虎斑、口红石斑鱼、珞珈珈石斑鱼等。躯体高扁，标准长为宽度的5.3倍。口裂楔形，在完全张开情况下呈漏斗状，终止于额角高处，颈部明显隆起成弓形，眶间区稍凹陷，头背处半突出，陡直走向眼下方，上下颌前方具小犬牙，后者末端亦有2列～4列细齿，前后鳃盖均呈圆形，分别被细微锯齿，另具3根以中间者最突出的扁平棘。体呈烟灰黑色，偶尔呈现粉红至绛紫色光泽，腹部正中段常为1道牛奶白色垂直条纹，颌自口至鳃腔膜均呈橘红色。在水深3米～60米处礁岩栖穴居，昼伏夜游。

红嘴烟鲈以小鱼和头足类、甲壳动物等为食。

❖ 分布

分布于印度-西太平洋，中国各大海域均可寻踪觅影。

❖ 经济利用

食用鱼，也可作观赏鱼。

· 长拟花鮨 *Pseudanthias elongatus*

❖ 形态特征

长拟花鮨又称长拟花鲈，体延长而侧扁。吻部短，眼中大，眼眶后缘无乳突。口较大，稍倾斜。上、下颌齿细小，前端具犬齿。鳃盖骨下缘具锯齿。体被小栉鳞，上颌不具鳞，各鳍亦不具鳞。尾鳍弯月形，雄鱼上、下叶延长如丝。体紫红色，具有许多波浪状黄蠕纹，雄鱼头、体前半部具大片鲜红色区域，雌鱼体偏黄。头部由吻端至胸鳍基部具1条镶淡蓝紫色缘的黄色斜带。雄鱼尾鳍橘红色，上、下叶淡蓝紫色，雌鱼尾鳍橘黄色。主要栖息于岩礁区，栖息深度可达60米。

❖ 分布

分布于西北太平洋区，日本及中国南海海域有产。

❖ 经济利用

小型花鲈，不具食用经济性。

· 朝鲜马鲛 *Scomberomorus koreanus*

❖ 形态特征

朝鲜马鲛，体长且侧扁，体高长于头长。尾柄细，两侧在尾鳍基处各具3条隆起脊，中央脊长而高，两侧脊短而低。头中大，稍侧扁。吻尖突，大于眼径。眼较小，位近头的背缘。口中大，端位，斜裂。上、下颌相同长，上、下颌各有齿一列，齿强大、侧扁、三角形，尾鳍新月形。体背蓝灰色，腹部银白色，体侧具2列～3列褐斑。第1背鳍黑色，余鳍灰黑或灰色。近海暖水性中上层鱼类，主要栖息于近沿海大陆棚，有时会出现于岩岸陡坡或潟湖区，甚至河口域。游泳敏捷，性凶猛，成小群游动。

朝鲜马鲛主要捕食小型群游鱼类和甲壳类。

❖ 分布

分布于印度-西太平洋区，包括印度、巴基斯坦、孟加拉、斯里兰卡、日本、韩国、印尼、马来西亚、缅甸、越南、泰国等海域。在我国，分布于南海、香港等海域。

❖ 保护级别

中国物种红色名录（No.3497）：易危（VU）。

· 黄鳍金枪鱼 *Thunnus albacares*

❖ 形态特征

黄鳍金枪鱼又名黄鳍鲔、黄肌金枪、串仔、黄旗串。体纺锤形，粗壮，稍侧扁。尾柄细，两侧各有1个发达的隆起嵴；背鳍2个，稍分离；第2背鳍长，与臀鳍同形，后方有8个~9个分离小鳍；胸鳍长，伸达第2背鳍中部；尾鳍新月形。体背侧蓝黑色，体侧及腹部灰白色，尾鳍黑褐色，其他各鳍与小离鳍为黄色。

❖ 分布

广泛分布于各大洋热带、亚热带海域，唯地中海未见分布。在中国，分布于南海和东海。

❖ 经济利用

高级食材，黄鳍金枪鱼背部肌肉是营养丰富、味道鲜美的优质食材。

· 白腹鲭 *Scomber japonicus*

❖ 形态特征

白腹鲭，体纺锤形，稍侧扁，背缘和腹缘浅弧形，尾柄细短，头中大，眼中大，口大，上、下颌等长，上、下颌各有细齿1列。其鳃耙正常，尾鳍深叉形，体背侧蓝黑色，腹部银白而微带黄色。冬季时，会群体栖息于较深水域，且活动力会降至最低。为近沿海中上层的回游鱼类，好群游，幼鱼时，常与其他种的鲭科鱼类或鲱科小沙丁鱼类形成群体。具趋光性，有垂直移动现象。

❖ 分布

广泛分布于印度洋-太平洋温带海域。我国南海海域有产。

❖ 经济利用

重要的食用鱼，油煎或烧烤皆宜。全世界之年产量可达50万吨。

· 白卜鲔 *Euthynnus yaito*

❖ 形态特征

白卜鲔，个体纺锤形，粗壮，横切面近圆形。尾柄细，平扁。两侧有发达的侧嵴，尾基有2个小隆起嵴。头中大，吻尖，眼较小。两颌、犁骨、腭骨各有细牙1列。胸甲及侧线前部有鳞，其余裸露。侧线完全，波纹状。背部暗蓝色，有深色斜带，腹部银白色，在胸鳍与腹鳍间有3个～4个黑色圆斑。为外海中上层经济鱼类，喜栖息于水质澄清海区、底质沙泥或岩石。体长可达1米。

白卜鲔以小虾、箭虫及小鱼为食。

❖ 分布

分布于印度洋至太平洋温暖海区。我国产于南海。

❖ 经济利用

经济鱼类。

· 鲹科 Carangidae

· 珍鲹 *Caranx ignobilis*

❖ 形态特征

珍鲹，成鱼多单独栖息于水质清澈的潟湖或面向大海的礁区，幼鱼常出现于河口区域，体背边缘为橄榄色，体侧与腹部均为白色，成鱼的鳃盖没有黑点，该鱼种头背边缘呈弧形隆起，仅胸部、腹面裸露部分没有鳞片。

珍鲹主要以鱼类、甲壳类为食。

❖ 分布

分布于印度洋、红海，东至日本、澳大利亚。在我国，主要分布于南海、台湾海域，也分布在半咸水域。

❖ 经济利用

可食用鱼。

· 短丝羽鳃鲹 *Ulua mentalis*

❖ 形态特征

短丝羽鳃鲹为浅灰褐色，侧线直线部分为黄色，尾鳍下叶有黑色边缘，胸鳍较长，呈镰刀状，长度大于头长，腹鳍比较短，尾鳍呈叉形。

短丝羽鳃鲹主要以甲壳类和小鱼为食。

❖ 分布

分布于马来群岛、澳大利亚、南太平洋以及中国南海等海域。

❖ 经济利用

具商业性的食用鱼、游钓鱼，通常以刺网、拖网或钩钓捕获。

· 吉打副叶鲹 *Alepes djedaba*

❖ 形态特征

吉打副叶鲹，主要栖息于浑浊水域，经常成群巡游，体背颜色为蓝绿色，腹侧为银白色，尾鳍、臀鳍均为白色，尾鳍为黄色，上叶有黑色边缘，鳃盖有黑色斑点，尾柄比较细长。

吉打副叶鲹主要以无脊椎动物为食。

❖ 分布

从印度洋到西太平洋的礁区与近海沿岸都可见其踪迹。在我国主要分布于黄海、东海、南海等海域。

❖ 经济利用

可作为食用鱼及游钓鱼。

· 印度丝鲹鲹 *Alectis indica*

❖ 形态特征

印度丝鲹鲹，主要栖息于开放水域，体背颜色为青色，腹侧为银白色，幼鱼体侧有4条~5条黄色弧形横带。成鱼体轴上部有黑点，每个鳍颜色均为黄色。

印度丝鲹鲹主要以甲壳类、小鱼为食。

❖ 分布

分布在印度洋-太平洋区，包括红海、东非、马达加斯加、毛里求斯、斯里兰卡、印度、马尔代夫、日本、中国沿海、菲律宾、印尼、越南、马来西亚、澳大利亚、所罗门群岛、密克罗尼西亚、斐济群岛、诺鲁、马里亚纳群岛、夏威夷群岛、马绍尔群岛等海域。

❖ 经济利用

可食用鱼，无腥味，红烧、清蒸都皆宜，幼鱼可作为观赏鱼。

· 游鳍叶鲹 *Atule mate*

❖ 形态特征

游鳍叶鲹，主要栖息于沿岸水域，背鳍、尾鳍均为黄绿色，臀鳍为淡黄色，其余部分均为淡色或者透明色，体侧上部有7条~10条绿色横带，鳃盖后上部有1块明显黑斑。

游鳍叶鲹主要以甲壳类、小鱼为食。

❖ 分布

分布于印度洋-太平洋区，包括东非、红海、马达加斯加、毛里求斯、塞舌尔群岛、波斯湾、马尔代夫、斯里兰卡、印度、安达曼海、日本、菲律宾、越南、泰国、马来西亚、印尼、澳大利亚、新几内亚、马里亚纳群岛、马绍尔群岛、所罗门群岛、新喀里多尼亚、法属波利尼西亚、斐济群岛、密克罗尼西亚、夏威夷群岛、图瓦卢、东加。在我国分布于沿海及台湾等海域。

❖ 经济利用

食用鱼，可红烧、清蒸。

· 乌鲳 *Parastromateus niger*

❖ 形态特征

乌鲳为中国南海、东海次要经济鱼类，体表颜色为黄褐色，没有食道囊，背鳍鳍棘部埋于皮下，腹鳍随着鱼的长大逐渐消失，尾柄处有隆起嵴。

乌鲳主要以浮游动物为食。

❖ 分布

分布于印度-西太平洋区，包括东非、红海、波斯湾、马达加斯加、马尔代夫、斯里兰卡、印度、安达曼海、日本、菲律宾、越南、泰国、马来西亚、印尼、澳大利亚、马里亚纳群岛、马绍尔群岛、帕劳、新几内亚、诺鲁、密克罗尼西亚海岸等海域。在中国广泛分布于沿海及台湾海域。

❖ 经济利用

高度大众化的食用鱼，可清蒸、红烧或煎食。

· 白舌尾甲鲹 *Uraspis helvola*

❖ 形态特征

白舌尾甲鲹又称冲鲹，俗名为瓜仔、黑面甘，体呈椭圆形，侧高而扁，吻钝，脂性眼睑不发达，上颌末端仅延伸至眼前缘下方。侧线中度弯曲，弯曲部上有鳞片，直走部上全为棱鳞，尾柄处的棱鳞强大。口腔周围深黑色，仅舌和口腔背面呈乳白色，是本属的重要特征。体呈褐色或深褐色，幼鱼时体侧具暗色横斑，随成长逐渐不显著，至成鱼则消失。背、臀鳍暗色或黑色，有时有淡色缘；幼鱼时，腹鳍基黑色，随着成长逐渐形成一致的白色。尾鳍暗黄色。大多栖息在20米～150米水深的沿岸海域或小岛周围的海底附近。

白舌尾甲鲹属肉食性鱼类，以鱼类、甲壳类为食。

❖ 分布

分布于红海、印度、斯里兰卡、菲律宾、琉球群岛及夏威夷群岛等海域。在中国，广泛分布于沿海地区和南海海域。

❖ 经济利用

食用鱼，但数量较少。

· 布氏鲳鲹 *Trachinotus blochii*

❖ 形态特征

布氏鲳鲹的体形似菱形，体背隆起，腹部平坦；胸鳍长而尖，犹如锐利的刀片；尾柄细小，尾鳍楔形。体色为青黄色，体侧有若干条黑色横带，头和体被小栉鳞，颊部和鳃盖各有1块大型鳞片。背鳍和臀鳍发达，尾鳍分叉。栖息于5米～20米水深的沿岸或河口海域。属掠食性鱼类。

❖ 分布

分布于日本海南部、西太平洋和印度洋。

❖ 经济利用

经济价值高，是沿海及江河口一带常见的经济鱼类。

· 大甲鲹 *Megalaspis cordyla*

❖ 形态特征

大甲鲹又称铁甲、黑面白鱼、甘贡、八哥脚、蝉头、硬尾铅。该鱼种口腔周围深黑色，仅舌及口腔背面呈乳白色，犁骨、腭骨及舌上无牙，胸部侧面和腹面无鳞，棱鳞存在于侧线直部上，体侧扁，呈纺锤形，一般体长14厘米～29厘米，大者长可超3米、体重达200克～350克。眼大，脂眼睑发达，体被小圆鳞，胸部下侧及腹面无鳞。侧线明显，前部弯曲，后部长且呈直线。强而高的棱鳞被于侧线弯曲部后部及直线部全部，直至尾柄处连接成1条隆起脊，背部深蓝色，腹部银白微带淡黄色，鳃盖上缘有1块蓝黑色圆斑。为暖水性中上层鱼类。

❖ 分布

广泛分布于印度-西太平洋的暖水域。中国南海海域均有产出，是常见鱼种。

❖ 经济利用

食用性鱼类。

· 斐氏鲳鲹 *Trachinotus baillonii*

❖ 形态特征

斐氏鲳鲹又称斐氏黄腊鲹、小斑鲳鲹，俗名为卵鲹、红鲹，体呈长椭圆形，甚侧扁，随着成长而逐渐向后延长。尾柄短细，背腹侧无肉质棱脊亦无凹槽。吻钝，眼小，脂性眼睑不发达。上下颌、锄骨和腭骨均具细小的绒毛状齿，随着成长而渐退化，舌面一般无齿。第1鳃弓下鳃耙数（含瘤状鳃耙）16个～17个。侧线几近直线状或微波状，无棱鳞，无离鳍。幼鱼时，具鳍膜，随着成长而渐呈游离状。第2背鳍与臀鳍同形，前方鳍条延长而呈弯月形；尾鳍深叉，末端尖细而长。体背蓝灰，腹部银白；体侧具1个～5个黑色斑点横越侧线，但小鱼无此斑点。各鳍暗色、黑色或淡黄色。栖息于沿海礁岩底质浅水海域，但常可发现于沙泥质的激浪区。

斐氏鲳鲹以无脊椎动物为食。

❖ 分布

广泛分布于印度-西太平洋的暖水域。冬季至隔年的春季较常见其踪迹，是偶见的鱼种。

❖ 经济利用

食用鱼。

· 黑尻鲹 *Caranx melampygus*

❖ 形态特征

黑尻鲹，俗名蓝鳍鲹，胸部被鳞，侧线具棱鳞34个～39个，背鳍鳍条22根～24根，臀鳍具鳍条18根～19根。体表银蓝色，带有浅绿色泽，上部散布色彩斑斓的密集斑点，鱼鳍为浅色或深蓝色，体侧无斑点。为暖水性鱼类，栖息于珊瑚礁和岩礁海区。

黑尻鲹以无脊椎动物和鱼为食。

❖ 分布

分布于印度洋和太平洋热带海区。中国见于南海。

❖ 保护级别

中国物种红色名录（No.3294）：易危（VU）。

· 黄条鰤 *Seriola aureovittata*

❖ 形态特征

黄条鰤，体呈纺锤形，稍侧扁，体表被覆小圆鳞，胸鳍与腹鳍比较短。尾柄细长，尾鳍分叉很深，可形成强劲的尾力。流线型体态可以最大限度地减小与海水的摩擦力。背部多呈蓝绿色，腹部银白色。黄条鰤身体两侧各有1条明显的黄色纵带，从吻部沿鳃直抵尾柄，由此得名。属于海洋暖温性中上层掠食鱼类。 幼鱼喜在海中漂浮物和水草下面游动觅食，成鱼除个体较大的倾向于单独觅食外，其他个体通常以数10条或近百条成群掠食。

黄条鰤主要以鳀鱼、玉筋鱼等小型鱼类及头足类和甲壳类海洋生物为食。

❖ 分布

主要分布于日本、朝鲜半岛和澳大利亚周边，远离岸边的外海岩礁区附近水域。中国仅产于黄海与渤海。

❖ 经济利用

具有极高的食用价值，肉质细腻滑润、味道独特，属于高档食用性鱼类，在日韩料理中地位很高。黄条鰤生长迅速，可作为养殖鱼类，具有一定的经济价值。

· 金带细鲹 *Selaroides leptolepis*

❖ 形态特征

金带细鲹，体长椭圆形，侧扁，头稍尖，吻长和眼径约相等，前颌骨能伸缩。脂眼睑发达，上颌、犁骨和腭骨均无齿，下颌有1行细齿，舌上有微小退化状齿，胸部有鳞，侧线前部稍弯曲，棱鳞弱，有25个～34个，存在于侧线直线部上。体长为体高的2.8倍～3.4倍，脂眼睑发达，前部达眼前缘，体侧有1条金黄色纵带，鳃盖后上角具黑斑。

❖ 分布

分布于印度洋-太平洋海域，我国产于南海。

❖ 经济利用

经济性食用鱼。

· 范氏副叶鲹 *Alepes vari*

❖ 形态特征

范氏副叶鲹，又名大尾鲹、甘仔鱼，体侧扁而高，略呈三角形，背部轮廓隆起，体高略大于体长的1/2。头背部颅骨裸露，有辐射状骨质突起。栖息于较深的沙泥底区域，栖息深度可达400米以深。

范氏副叶鲹食性较杂，喜食动物性饵料。

❖ 分布

分布于菲律宾、澳大利亚、夏威夷、朝鲜、日本。在我国分布于南海、东海等海域。

❖ 经济利用

食用鱼。

· 石鲷科 Oplegnathidae

· 斑石鲷 *Oplegnathus punctatus*

❖ 形态特征

斑石鲷，主要栖息于岩礁海区，体表为灰褐色，密布黑褐色圆斑，在蓝光下颇为梦幻，雄性斑石鲷发育成熟，黑斑会慢慢消失，口周边变为白色，因此又称“白口鱼”。

斑石鲷主要以蠕虫为食。

❖ 分布

分布于太平洋区，包括朝鲜、日本。在我国分布于南海、东海、黄海、台湾等海域。

❖ 经济利用

体态优美、肉质细腻，素有“刺身绝品”之称，具有很高的观赏价值和经济价值。

· 仿石鲈科 Haemulidae

· 少耙胡椒鲷 *Plectorhinchus lessonii*

❖ 形态特征

少耙胡椒鲷，幼鱼多栖息于礁缘下层边缘有沙底的水层，成鱼多独游，栖息于礁洞中。体表颜色为淡褐色，头部和体侧分别有6条和4条深褐色纵带，腹部没有纵带，背鳍、臀鳍、尾鳍均有黑色斑点，胸鳍基上有深色小斑，腹鳍外部边缘为黑色。

少耙胡椒鲷主要以甲壳类、鱼类为食。

❖ 分布

分布于印度-西太平洋区，包括日本南部、越南、菲律宾、印度尼西亚、澳大利亚北部。中国分布于东海、南海、台湾等海域。

❖ 经济利用

食用鱼，宜红烧、煮汤，亦可观赏。

· 花尾胡椒鲷 *Plectorhinchus cinctus*

❖ 形态特征

花尾胡椒鲷，主要栖息于沙泥质、岩礁或珊瑚礁，体表为淡灰褐色，腹侧为灰白色，体侧有3条黑色斜带，位于第2条斜带上方，背鳍、尾鳍上散布许多黑色圆点。

花尾胡椒鲷主要以甲壳类、鱼类、头足类为食。

❖ 分布

分布于印度-西太平洋区，包括红海、波斯湾、马尔代夫、斯里兰卡、印度、安达曼群岛、日本南部、越南、菲律宾、泰国、印尼苏门答腊、婆罗洲附近。在我国，分布于东海、南海、香港、台湾等海域。

❖ 经济利用

经济性食用鱼，味美，适合煎食或煮熟后蘸芥末食用。

· 斑胡椒鲷 *Plectorhinchus chaetodonoides*

❖ 形态特征

斑胡椒鲷，主要栖息于珊瑚礁区，俗称燕子花旦，因为幼体为咖啡色，并有多个乳白色大斑点，如同牛奶巧克力一样诱人，也被称为朱古力。成年后，身体是青白色的，并有许多胡椒大小的斑点，这也是“胡椒鲷”名字的来历。

斑胡椒鲷主要以甲壳类、鱼类为食。

❖ 分布

分布于印度-西太平洋区，包括马尔代夫、斯里兰卡、印度、安达曼海、日本南部、越南、菲律宾、印尼、泰国、澳大利亚、所罗门群岛、斐济群岛、新几内亚、新喀里多尼亚、密克罗尼西亚、马里亚纳群岛、马绍尔群岛、圣诞岛、诺鲁。在我国分布于东海、南海、台湾等海域。

❖ 经济利用

大型经济性食用鱼，各种烹煮方法皆宜。幼鱼体色特别，可饲养观赏。

· 条纹胡椒鲷 *Plectorhinchus lineatus*

❖ 形态特征

条纹胡椒鲷，主要栖息于珊瑚礁区，体侧上部有4条暗纵带，腹侧有2条~3条纵带，与四带胡椒鲷很相像，由于游泳的时候会奋力摆动占身体比例很大的尾巴，看上去如同扭扭捏捏的小姑娘，故得了“妞妞”这个名字。

条纹胡椒鲷主要以甲壳类、鱼类为食。

❖ 分布

分布于西太平洋区，包括琉球群岛、越南、菲律宾、印尼、澳大利亚、新几内亚、新喀里多尼亚。在我国分布于东海、南海、台湾等海域。

❖ 经济利用

食用鱼，宜红烧，亦可观赏。

· 纵带髭鲷 *Hapalogenys kishinouyei*

❖ 形态特征

纵带髭鲷，主要栖息于沿岸水深在5米~50米的礁沙混合区或沙泥底质水域，单独游动，也成群结队巡游，体表为灰褐色，体侧有4条深褐色纵带，腹鳍颜色为褐色，其他鳍颜色均为灰黑色。

纵带髭鲷主要以虾类、鱼类、软体动物为食。

❖ 分布

分布于西太平洋区，包括日本南部、菲律宾、越南、印尼、新几内亚、澳大利亚北部、马里亚纳群岛、马绍尔群岛、密克罗尼西亚、新喀里多尼亚、帕劳、诺鲁、所罗门群岛。在我国分布于东海、南海、台湾等海域。

❖ 经济利用

食用鱼，味美，红烧、煎食、煮汤皆宜。

· 螣科 Uranoscopidae

· 披肩螣 *Ichthyscopus lebeck*

❖ 形态特征

披肩螣，主要栖息于沿岸水深在5米~50米的礁沙混合区或沙泥底质水域，体背为褐色，背部有许多大白斑，腹部颜色较浅，背鳍中央有1列黄白纹，臀鳍与腹鳍均为白色，胸鳍为淡褐色，尾鳍为淡黄色。该鱼种在下颌内侧有可伸出的长舌状突出构造，称为“呼吸瓣”，以此诱捕食物。

披肩螣主要以虾类、鱼类、软体动物为食。

❖ 分布

分布于印度-西太平洋区，西起印度与新加坡，北至日本，南至澳大利亚。在我国分布于台湾海域。

❖ 保护级别

中国物种红色名录（No.3400）：易危（VU）。

· 羊鱼科 Mullidae

· 印度副绯鲤 *Parupeneus indicus*

❖ 形态特征

印度副绯鲤，主要栖息于珊瑚礁或泥土、沙子，体表为黄绿色，尾柄有1个黑色大圆点，两背鳍间的侧线上方有1块金黄色大斑，颏须为黄褐色。该鱼种眼眶前面没有鳞片，腹鳍上有腋鳞。

印度副绯鲤主要以甲壳类、软体动物、鱼类为食。

❖ 分布

分布于印度洋-太平洋区，包括东非、红海、马尔代夫、科摩罗、毛里求斯、塞舌尔群岛、印度、斯里兰卡、马来西亚、安达曼海、泰国、菲律宾、印尼、越南、新几内亚、所罗门群岛、澳大利亚、马里亚纳群岛、马绍尔群岛、密克罗尼西亚、帕劳、诺鲁、斐济群岛、东加、基里巴斯、图瓦卢、万纳杜、法属波利尼西亚、墨西哥、加拉巴哥群岛、厄瓜多尔。在我国分布于南海、台湾等海域。

❖ 经济利用

中大型食用鱼，不新鲜时肉质变硬，最宜红烧。另外也可当作观赏鱼。

· 黄带副绯鲤 *Parupeneus chrysopleuron*

❖ 形态特征

黄带副绯鲤，又称红带海绯鲤，主要栖息于珊瑚礁或泥土、沙子，体表为橘红色，上半部较深，下半部较浅。鱼体新鲜时，在眼部四周有数条斜纹的蓝带，自眼眶后侧至尾鳍基部有条宽黄褐带，背鳍及胸鳍为浅红色，颏须、腹鳍与臀鳍为黄色。

黄带副绯鲤主要以甲壳类、软体动物、多毛类为食。

❖ 分布

分布于印度-西太平洋区，包括斯里兰卡、马来西亚、安达曼海、泰国、菲律宾、印尼、日本、越南、新几内亚、所罗门群岛、澳大利亚、马里亚纳群岛、马绍尔群岛、密克罗尼西亚、帕劳、诺鲁、斐济群岛、东加、图瓦卢、万纳杜等海域。在我国分布于南海、东海、台湾等海域。

❖ 经济利用

食用鱼，适合煎食或煮味噌汤，个体小的可作为观赏鱼。

· 点纹副绯鲤 *Parupeneus spilurus*

❖ 形态特征

点纹副绯鲤，主要栖息于珊瑚礁外缘的沙地或碎礁地，体表为淡红色，体侧有3条不明显的纵带，尾柄有1块黑色暗斑。该鱼种颏须较长，可达到主鳃盖骨后部边缘。

点纹副绯鲤主要以甲壳类、软体动物、鱼类为食。

❖ 分布

分布于西太平洋区，包括菲律宾、印尼、日本南部、越南、新几内亚、所罗门群岛、澳大利亚、新西兰、马里亚纳群岛、马绍尔群岛、密克罗尼西亚、帕劳、瑙鲁、斐济群岛、汤加、图瓦卢、瓦努阿图。在我国分布于南海、东海、台湾等海域。

❖ 经济利用

食用鱼，适合煎食或煮姜丝清汤，个体小者可作为观赏鱼。

· 条斑副绯鲤 *Parupeneus barberinus*

❖ 形态特征

条斑副绯鲤，主要栖息于沙泥地上散布一些礁石的区域或向海礁坡，体表为银黄色，体侧有1条灰褐色纵带，尾柄有1个大黑圆点，颏须为浅褐色。

条斑副绯鲤主要以多毛类、甲壳类、无脊椎动物为食。

❖ 分布

分布于印度洋-太平洋区，包括东非、亚丁湾、马尔代夫、科摩罗、毛里求斯、塞舌尔群岛、印度、斯里兰卡、马来西亚、安达曼海、泰国、菲律宾、印尼、日本、越南、新几内亚、所罗门群岛、澳大利亚、马里亚纳群岛、马绍尔群岛、密克罗尼西亚、帕劳、诺鲁、斐济群岛、东加、基里巴斯、图瓦卢、万纳杜、法属波利尼西亚、墨西哥、加拉巴哥群岛、厄瓜多尔。在我国分布于南海、东海、台湾等海域。

❖ 经济利用

食用鱼，适合煎食或红烧，个体小者可作为观赏鱼。

· 三带副绯鲤 *Parupeneus trifasciatus*

❖ 形态特征

三带副绯鲤，主要栖息于珊瑚礁或泥土、沙子，体表为红棕色，体侧有3条~5条黑色横带，眼后有1条短纵带，颏须为黄白色。

三带副绯鲤主要以虾类、浮游生物为食。

❖ 分布

分布于印度洋-太平洋区，包括斯里兰卡、圣诞岛、马来西亚、安达曼海、泰国、菲律宾、印尼、日本、越南、新几内亚、所罗门群岛、澳大利亚、马里亚纳群岛、马绍尔群岛、密克罗尼西亚、帕劳、诺鲁、斐济群岛、东加、基里巴斯、图瓦卢、万纳杜、法属波利尼西亚、墨西哥、加拉巴哥群岛、厄瓜多尔。在我国，分布于南海、东海、台湾等海域。

❖ 经济利用

食用鱼，适合煎食、煮姜丝清汤或红烧，个体小者可作为观赏鱼。

· 圆口副绯鲤 *Parupeneus cyclostomus*

❖ 形态特征

圆口副绯鲤，主要栖息于地床沙质的海水区域，以吻须在底沙中探寻小型猎物，体表为黄褐色，也有个体为红色，腹部颜色比较浅，尾柄有浅橙色鞍状斑，头部有许多眼纹、细条纹，鳍均呈黄色透明状。

圆口副绯鲤主要以鱼类、甲壳类为食。

❖ 分布

分布于印度洋-太平洋区，包括东非、红海、波斯湾、马尔代夫、科摩罗、毛里求斯、塞舌尔群岛、印度、斯里兰卡、马来西亚、安达曼海、泰国、菲律宾、印尼、日本、越南、新几内亚、所罗门群岛、澳大利亚、马里亚纳群岛、马绍尔群岛、密克罗尼西亚、帕劳、诺鲁、斐济群岛、东加、基里巴斯、图瓦卢、万纳杜、法属波利尼西亚、墨西哥、加拉巴哥群岛、厄瓜多尔。在我国分布于南海、东海、台湾等海域。

❖ 经济利用

食用鱼，适合煎食或红烧，个体小者可作为观赏鱼。

· 多带副绯鲤 *Parupeneus multifasciatus*

❖ 形态特征

多带副绯鲤，个体长、稍侧扁，呈长纺锤形。体为淡灰至棕红色。吻部至眼后有1条暗色短纵带，体侧有5条（或2条～3条）暗色横带。后背鳍基及其后呈黑色，末缘及臀鳍膜上有黄色纵带斑纹。头稍大，口小，吻长而钝尖；上颌仅达吻部的中央，后缘为斜向弯曲；上、下颌均有单列齿，齿中大，较钝，排列较疏；锄骨与腭骨无齿。主要栖息于珊瑚礁外缘的沙地，或者是碎礁地上，利用胡须来探索在沙泥底质上活动的底栖生物，如甲壳类、软体动物、鱼类及蠕虫等。

❖ 分布

广泛分布于印度洋-太平洋区，西起印度洋之圣诞岛，东到夏威夷、马贵斯及土木土群岛，北起琉球群岛，南至罗德豪及拉帕岛。在中国分布于南海海域。

❖ 经济利用

肉味鲜美，全年皆可捕获。渔业具商业性，亦为游钓鱼种。因觅食习性独特，常被水族馆用于展示用。

· 叶鲷科 Glaucosomatidae

· 叶鲷 *Glaucosoma buergeri*

❖ 形态特征

叶鲷，主要栖息于较深的珊瑚礁区或岩石区中，体表为黄褐色或灰褐色，幼体鱼体侧有7条~10条暗褐色纵带，眼下至鳃盖下角有1条褐色带，随着鱼的增长会慢慢消失，尾鳍后部边缘略呈弯月型或截平。

叶鲷主要以鱼类、甲壳类为食。

❖ 分布

分布于印度-西太平洋区，包括日本、澳大利亚、新几内亚、越南等海域。在我国主要分布于台湾、南海等海域。

❖ 经济利用

食用鱼，适合红烧，亦可作为观赏鱼。

· 鹦嘴鱼科 Scaridae

· 驼峰大鹦嘴鱼 *Bolbometopon muricatum*

❖ **形态特征**

驼峰大鹦嘴鱼，又叫隆头鹦嘴鱼，主要栖息于礁区、近海沿岸、潟湖、珊瑚礁或岩礁，雌鱼体灰黑且有白色斑点，雄鱼全身为蓝绿色，幼鱼尾鳍为圆形，成鱼的尾鳍上、下叶延长呈双凹型尾。该鱼种头部轮廓为垂直角度，齿板外表面有颗粒状的突起，后鼻孔明显的大于前鼻孔，头部前额明显向前突出。

驼峰大鹦嘴鱼主要以珊瑚、贝类、海胆为食。

❖ **分布**

分布于印度洋-太平洋区，包括红海、东非、马尔代夫、斯里兰卡、印度、中国台湾、日本、菲律宾、印度尼西亚、澳大利亚大堡礁、密克罗尼西亚、马里亚纳群岛、马绍尔群岛、萨摩亚群岛、所罗门群岛等海域。

❖ **保护级别**

世界自然保护联盟（IUCN）濒危物种红色名录：易危（VU）。

· 蓝点鹦嘴鱼 *Scarus ghobban*

❖ 形态特征

蓝点鹦嘴鱼，主要栖息于潟湖、临海礁石区的斜坡与峭壁旁，幼鱼和雌鱼全身为棕色，体侧有5条~6条蓝色横带；雄鱼全身为青色，鳞片前缘为淡棕色，背鳍、臀鳍和尾鳍有蓝色条纹。幼鱼的的尾鳍为截形，成鱼微凹，呈双截形或半月形。该鱼种头部轮廓呈平滑弧线。

蓝点鹦嘴鱼主要以珊瑚、藻类为食。

❖ 分布

分布于印度洋-太平洋区，包括红海、南非阿尔戈阿湾、塞舌尔群岛、毛里求斯、马达加斯加、东非、莫桑比克海峡、马尔代夫、斯里兰卡、印度、圣诞岛、莱恩群岛、迪西岛、日本南部、越南、泰国、马来西亚、菲律宾、印尼、澳洲、拉帕群岛、新几内亚、新喀里多尼亚、所罗门群岛、帕劳、斐济群岛、瓦努阿图、法属波利尼西亚、美国加利福尼亚州、厄瓜多尔、加拉巴哥群岛、巴拿马。在中国广泛分布于沿海、台湾等海域。

❖ 经济利用

食用鱼、观赏鱼。

· 小鼻绿鹦嘴鱼 *Chlorurus microrhinos*

❖ 形态特征

小鼻绿鹦嘴鱼，主要栖息于潟湖与临海礁石区，稚鱼（大约8厘米以内）为黑褐色，体侧有数条白色纵纹，随着成长，体色转为暗色、绿褐色以及终端期的蓝色，或稀有的黄褐色。鳞片有橘黄色短横纹或斑点，终端期的大雄性，鱼头部常有蓝色条纹与小区块，并延伸到嘴角。

❖ 分布

分布于太平洋区，包括琉球群岛、菲律宾、印尼、新几内亚、澳洲、罗德豪岛、拉帕岛、密克罗尼西亚、所罗门群岛、马绍尔群岛、帕劳、马里亚纳群岛、夏威夷群岛。在中国分布于台湾、南海等海域。

❖ 经济利用

食用鱼，适合清蒸、红烧或用温火烧烤。曾有热带鱼毒的中毒报告，故需注意。另外可作为观赏鱼。

· 史氏鹦嘴鱼 *Scarus schlegeli*

❖ 形态特征

史氏鹦嘴鱼，主要栖息于潟湖与临海礁石1米~50米深水域，其颜色随年龄而异，从淡橙色混杂绿色，到深褐色杂以蓝色均有。背鳍及臀鳍均为橙色或橙褐色，外部边缘和基部均为蓝色，鳍膜中央区域则有蓝色色带，尾鳍为橙褐色或更深些，鳍膜上有短的蓝色条纹或小斑点，形成3条~4条垂直色带。

❖ 分布

分布于印度洋-太平洋区，包括东印度洋的可可岛、圣诞岛及由模里西斯至土木土与奥斯垂群岛，北至琉球群岛，南至鲨鱼湾、大堡礁的南方与拉帕岛。中国台湾东部、南部及各离岛均有分布。

❖ 经济利用

观赏鱼。

· 黑鹦嘴鱼 *Scarus niger*

❖ 形态特征

黑鹦嘴鱼，是一种变温动物，体温随水温变化，主要栖息于珊瑚茂盛的礁湖或珊瑚斜坡外的海域，体表为红棕色，只有鳞片略带灰色，有棕色斑点或短斑纹，头部只有绿色斑纹，在上、下唇，经颊部延伸到眼前及后方。雄鱼体表为暗绿色，鳞片边缘均为暗红色，眼四周有不规则的绿色斑纹，最显著之处为鳃盖开口上方有1个浅绿色的斑点。

❖ 分布

分布于印度洋-太平洋区，包括红海、东非、马达加斯加、毛里求斯、莱恩群岛、塞舌尔群岛、马尔代夫、安达曼海、琉球群岛、越南、菲律宾、马来西亚、印尼、新几内亚、澳大利亚、所罗门群岛、密克罗尼西亚、马里亚纳群岛、诺鲁、马绍尔群岛、瓦努阿图、斐济群岛、帕劳、夏威夷群岛、波利尼西亚、萨摩亚群岛、复活节岛、下加利福尼亚半岛、美国加利福尼亚州、厄瓜多尔、加拉巴哥群岛。在我国沿海和台湾等海域均有分布。

❖ 经济利用

中型食用鱼类，可制做鱼松或煎食，肉质较糜烂，煎食宜先盐腌。另外可作为观赏鱼。

· 长头马鹦嘴鱼 *Hipposcarus longiceps*

❖ 形态特征

长头马鹦嘴鱼，主要栖息于混浊的且超过外围礁石的潟湖区域，体表为青褐色，齿板为白色，雄鱼颜色比较浅，雌鱼色较深，幼鱼体侧有红色纵带。

❖ 分布

分布于太平洋区，包括日本、中国台湾、菲律宾、印尼、澳洲、新喀里多尼亚、新几内亚、所罗门群岛、马里亚纳群岛、帕劳等海域。

❖ 经济利用

大型食用鱼类，食用时，先用盐腌制再煎之或用温火烧烤。另外也可以作观赏鱼。

· 绿颌鹦嘴鱼 *Scarus prasiognathos*

❖ 形态特征

绿颌鹦嘴鱼，主要栖息于礁区、近海沿岸、潟湖。初期阶段的雌鱼体表为深红褐色，腹部体色较淡，并有不规则的淡蓝色小斑点；头部为淡红褐色，除颌部外，分布有蓝色的小点和短纹，颌部有蓝色长形条纹；背鳍鳍膜有蓝色条纹，外缘亦为蓝色；尾鳍有蓝色小斑点，上、下缘为灰绿色。终期阶段的雄鱼体色为黄绿色；鳞片外缘为深橄榄色；头背侧鲜黄色，吻部及头腹侧蓝绿色；口角至眼部有鲜黄色斜纹；背鳍为蓝绿色，于各鳍膜间均有橙色条纹；臀鳍为蓝色，中央部位为橙色色带；胸鳍为紫蓝色，外缘为蓝色；腹鳍为绿色，有蓝色及橙色外缘；尾鳍鳍膜为深蓝绿色，外缘为深蓝色，上、下叶均有橙色纵纹。

❖ 分布

分布于印度-西太平洋区，由马尔代夫到新爱尔兰岛、科科斯群岛，北至琉球群岛，南至菲律宾，包括帛琉。在我国台湾东部、南部及各离岛均有分布。

❖ 经济利用

中大型的食用鱼，清蒸、盐烧、红烧均可。

· 黄鞍鹦嘴鱼 ♂ *Scarus oviceps*

❖ 形态特征

黄鞍鹦嘴鱼，又名姬鹦哥鱼，俗名鹦哥、青衫（雄），体长、略侧扁。头部轮廓呈平滑的弧型。终端型雄鱼，体呈蓝紫色，各鳞片缘为暗色。颊部有不规则的鲜黄色斑。最显著的是吻端上面的前额突出，且随成长加大越发明显。雌鱼和雄鱼都有稍圆的截形尾。齿板外表面平滑，上齿板几乎被上唇覆盖，齿板上无犬齿，每一上咽骨有1列臼齿状之咽头齿。背鳍为红褐色，外缘颜色较深，余鳍亦为红褐色，其中胸鳍之上端色泽较深，下端色泽较浅。体长可达70厘米。幼鱼经常成小群体地栖息于岩礁或珊瑚礁中。成鱼较喜独立生活。

黄鞍鹦嘴鱼啃食珊瑚，以珊瑚共生藻为食。

❖ 分布

分布于印度洋-太平洋区，包括红海、模里西斯、圣诞岛、莱恩群岛、琉球群岛、中国沿海、越南、泰国、马来西亚、菲律宾、印尼、澳洲、新几内亚、新喀里多尼亚、所罗门群岛、帛琉、斐济群岛、万那杜、法属波利尼西亚等海域。

❖ 经济利用

食用鱼。

· 黄鞍鹦嘴鱼 ♀ *Scarus oviceps*

❖ 形态特征

黄鞍鹦嘴鱼，又名姬鹦哥鱼，俗名鹦哥、蠔鱼（雌），体长、略侧扁。头部轮廓呈平滑的弧形。雌鱼，体棕黄色，各鳞片中央为蓝灰色调。各鳍条外缘镶有甚窄的蓝色纵纹。雌鱼和雄鱼都有稍圆的截形尾。齿板之外表面平滑，上齿板几乎被上唇所覆盖，齿板上无犬齿，每1块上咽骨有1列臼齿状之咽头齿。背鳍为红褐色，外缘颜色较深；余鳍亦为红褐色，其中胸鳍之上端色泽较深，下端色泽较浅。体长可达70厘米。幼鱼经常成小群体地栖息于岩礁或珊瑚礁中。成鱼较喜独立生活。

黄鞍鹦嘴鱼啃食珊瑚，以珊瑚共生藻为食。

❖ 分布

分布于印度洋-太平洋区，包括红海、模里西斯、圣诞岛、莱恩群岛、琉球群岛、中国沿海、越南、泰国、马来西亚、菲律宾、印度尼西亚、澳大利亚、新几内亚、新喀里多尼亚、所罗门群岛、帛琉、斐济群岛、万那杜、波利尼西亚等海域。

❖ 经济利用

食用鱼。

· 黑斑鹦嘴鱼♂ *Scarus globiceps*

❖ 形态特征

黑斑鹦嘴鱼俗称虫纹鹦嘴鱼，体长、略侧扁。头部轮廓呈平滑的弧形，后鼻孔并不明显大于前鼻孔。齿板无犬齿，外表面平滑，上齿板几乎被上唇覆盖；鹦嘴鱼的嘴类似喙，带有角质融合的牙齿，用来刮除岩石和珊瑚中的藻类。鹦嘴鱼的名字源自两个颌骨的牙齿融合，形成类似鹦鹉喙的形状。鹦嘴鱼是细长、钝头和深邃的，有些物种颜色非常鲜艳。一般雄性鹦嘴鱼的颜色相对鲜艳，为浅黄色、粉红色、红色、绿色、蓝色、绿松石色等。雌性一般是非常单调，为暗淡的红色、棕色、橄榄绿色等。

❖ 分布

分布于印度洋非洲东岸至太平洋波利尼西亚，北达琉球群岛。在我国分布于南海诸岛。

❖ 经济利用

观赏鱼。

· 唇指鎓科 Cheilodactylidae

· 花尾鹰鎓 *Goniistius zonatus*

❖ 形态特征

花尾鹰鎓，主要栖息于岩礁海域，体表为银灰色，有9条红褐色斜带，尾鳍为黄褐色，边缘为红色，散布有乳白色小圆点。

花尾鹰鎓主要以小虾、小贝为食。

❖ 分布

分布于日本海域。在中国分布于南海、台湾等海域。

❖ 经济利用

食用鱼，可采用钓捕捞。

· 鮀科 Kyphosidae

· 低鳍鮀鱼 *Kyphosus vaigiensis*

❖ 形态特征

低鳍鮀鱼，主要栖息于礁坡，体表为青褐色，背部颜色较暗，体侧有许多黄色纵带，除过胸鳍为黄色外，其他鳍颜色与体色一样，体侧有纵走纹，头部有黄色和白色的2条平行纵纹。

低鳍鮀鱼主要以海藻、小型无脊椎动物为食。

❖ 分布

分布于印度洋非洲东岸，东至太平洋中部夏威夷群岛，北到中国。在我国分布于南海、台湾、东海等海域。

❖ 经济利用

食用鱼，味美，一般多煮清汤食用。另外也是著名的游钓鱼。

· 长鲳科 Centrolophidae

· 刺鲳 *Psenopsis anomala*

❖ 形态特征

刺鲳，主要栖息于水深45米~120米泥沙底质的海区，常在水母触角下游泳，体表为浅灰蓝色，外罩有银白色光泽，鳃盖上方有1块模糊黑斑，该鱼种体表面会分泌黏液。

刺鲳主要以水母、幼鱼为食。

❖ 分布

分布于西太平洋区，日本、越南、泰国、朝鲜半岛。在中国分布于东海、黄海、南海、台湾、香港等海域。

❖ 经济利用

重要食用鱼，野生数量稳定，煎食或清蒸皆宜。

· 蛇鲭科 Gempylidae

· 黑鳍蛇鲭 *Thyrsitoides marleyi*

❖ 形态特征

黑鳍蛇鲭，主要栖息于大洋、深海、近海沿岸，体表为褐色，背、腹轮廓呈平直状态，尾柄没有棱脊，下颌位置明显比上颌突出，且有尖锐的犬齿，犬齿为锄骨齿。

黑鳍蛇鲭主要以鱼类、甲壳类、头足类为食。

❖ 分布

分布于西太平洋的温、热带海域和印度洋。在我国分布于南海、东海等海域。

❖ 经济利用

食用鱼。

· 棘鳞蛇鲭 *Ruvettus pretiosus*

❖ 形态特征

棘鳞蛇鲭俗名油鱼，属低价鱼类。体侧扁且长，口大，眼大，瞳孔能发出明亮的磷光，鱼身光滑，颜色暗褐，鳞片细小、粗糙。鱼体棕褐色，第2背鳍与臀鳍相对称，尾鳍叉形。生活于100米~800米海域，主要栖息于大陆斜坡，游泳能力强，性凶猛。

棘鳞蛇鲭具肉食性，以小鱼及小型底栖无脊椎动物为食。

❖ 分布

广泛分布于全世界亚热带海域。

❖ 经济利用

它含有一种名为“蛇鲭毒素”的天然蜡酯，主要用于提炼工业用润滑剂。

· 鲷科 Sparidae

· 黄鳍鲷 *Acanthopagrus latus*

❖ 形态特征

黄鳍鲷，主要栖息于生活于1米~50米水域，常在河口区的蚵棚、红树林或堤防区的消波块附近活动，体表为青黄色，每个鳍基底均为暗黄金色，胸鳍、腹鳍、臀鳍及尾鳍下叶均为黄色，该鱼种背部边缘和眼间隔处会稍稍隆起，背鳍、臀鳍鳍棘粗而短。

黄鳍鲷主要以藻类及小型底栖动物为食。

❖ 分布

分布于印度-西太平洋区，包括红海、印度洋北部沿岸、毛里求斯、塞舌尔群岛、马尔代夫、亚丁湾、波斯湾、斯里兰卡、印度、安达曼海、泰国、缅甸、马来西亚、菲律宾、印度尼西亚、马里亚纳群岛、诺鲁、帕劳、密克罗尼西亚、澳大利亚，北至朝鲜日本、韩国。在中国分布于南海、台湾等海域。

❖ 经济利用

高级的食用鱼，可烧烤、煮汤、红烧皆宜，是重要的养殖鱼类，具高经济价值。

· 金头鲷 *Sparus aurata*

❖ 形态特征

金头鲷，主要栖息于海草床、沙底质海域，两眼间上方有明显金黄色色带，鳃盖后部边缘下方为橘红色，颊部为金黄色，背部为青灰色，腹部为银白色，尾鳍边缘略呈黑色。

金头鲷主要以贝类、海草类为食。

❖ 分布

分布于东大西洋海域，包括不列颠群岛、直布罗陀海峡、佛得角、加那利群岛海域。

❖ 经济利用

食用鱼、海钓鱼。

· 灰鳍鲷 *Acanthopagrus berda*

❖ 形态特征

灰鳍鲷，主要栖息于10米~50米水域，常在河口区的蚵棚、红树林或堤防区的消波块附近活动，体表为灰褐色，腹部为银白色，背鳍与臀鳍的硬棘强大且尖锐，除胸鳍外，每个鳍膜为灰白色，尾鳍形状为凹形。

灰鳍鲷主要以藻类及小型底栖动物为食。

❖ 分布

分布于印度-西太平洋区，包括红海、印度洋非洲东岸、塞舌尔群岛、马尔代夫、红海、波斯湾、斯里兰卡、印度、安达曼海、泰国、缅甸、马来西亚、菲律宾、印尼，南至澳大利亚，北至日本、韩国。在中国分布于南海、台湾等海域。

❖ 经济利用

高级的食用鱼，烧烤、煮汤、红烧皆宜，是重要的养殖鱼类，具高经济价值。

· 黑棘鲷 *Acanthopagrus schlegelii*

❖ 形态特征

黑棘鲷俗称海鲋、青鳞加吉、青郎、乌颊、牛屎鱲、乌翅、黑加吉、黑立、海鲫和铜盆鱼等。体呈长椭圆形，侧扁，头中大，吻钝尖。口小，上、下颌等长。体被中等大的弱栉鳞，体侧通常有5条～7条黑色条纹。背鳍棘坚硬，臀鳍第2鳍棘尤为坚硬。体背部为灰黑色，侧线起点处有黑斑点，体侧常有数条不明显的暗褐色横带，腹部银白。

❖ 分布

分布于中国、日本和韩国等地的沿岸、港湾及河口，属内湾性鱼类。在中国，以黄海、渤海数量较多。

❖ 经济利用

名贵海产鱼，药食兼用。具有健脾利水、补气活血的功效，用于治疗脾虚水肿、小儿脾胃不健、消化不良、病后气血虚弱。肉质鲜美、营养价值高，历来受到人们喜爱，可制成多种名贵佳肴。黑鲷生长快，食性广，繁殖力强，抗病力强，适宜集约化养殖，有很好的经济效益。

· 黄犁齿鲷 *Evynnis tumifrons*

❖ 形态特征

黄犁齿鲷，体椭圆形，侧扁。吻钝，头大，顶部向吻端倾斜幅度大。尾侧扁，尾柄短高。眼中大，侧上位，眼间隔窄且凸。鼻孔每侧2个，前鼻孔较小，圆形，有鼻瓣，后鼻孔较大，卵圆形。口中大，端位。上、下颌前端有犬齿，两侧有小圆锥齿。鳃孔大，前鳃盖骨边缘有细锯齿，鳃盖骨后端有1根平钝棘，鳃盖膜不与峡部相连。黄犁齿鲷属暖水性较深海中小型鱼类，主要栖息于大陆架沙泥底水域，栖息深度为50米～250米。

❖ 分布

分布于印度-西太平洋区，西起印度尼西亚，北至日本，南至澳大利亚海域。

❖ 经济利用

营养丰富，肉质鲜美，宜养殖，经济价值高。

· 黄鳍棘鲷 *Acanthopagrus latus*

❖ 形态特征

黄鳍棘鲷又名黄翅、黄脚立、黄鳍鲷。体侧扁而高，侧面呈椭圆形；体被较大栉鳞，体侧各鳞片中间均有不明显的斑点，相连形成4条～5条纵纹；侧线完全，侧线起点处和胸鳍基部各有1块黑斑；有1个背鳍，鳍棘强大，各鳍棘平卧时可左右交错折叠于背沟中；臀鳍鳍棘发达，第2枚鳍棘特别强大；尾鳍叉形，上、下叶末端稍尖。身体背部青灰色，带金黄色光泽；腹部白色；腹鳍、臀鳍及尾鳍下叶黄色。

❖ 分布

分布于印度-西太平洋区。在我国，东海、南海也能见其身影。

❖ 经济利用

黄鳍棘鲷是中国南方海水和咸淡水的池塘、网箱养殖以及人工增殖放流的重要种类之一，经驯化可在淡水中养殖；也可作为港养对象，春天在沿海港湾开闸纳苗，进行养殖。规模化人工繁育技术已成熟。

· 寿鱼科 Banjosidae

· 寿鱼 *Banjos banjos*

❖ **形态特征**

寿鱼，主要栖息于泥沙底海域，体表为灰褐色，背鳍、臀鳍各有1块黑斑，并有白色边缘，尾鳍有1条黑色横带，腹鳍为黑色，该鱼种侧线完全，在胸鳍上方有一弓状弯曲。

寿鱼主要以甲壳类、小鱼为食。

❖ **分布**

分布于日本海域。在中国分布于东海、南海、台湾等海域。

❖ **经济利用**

食用鱼，但味道平平，最宜红烧，清蒸则肉带土腥味。

· 鱚科 Sillaginidae

· 多鳞鱚 *Sillago sihama*

❖ 形态特征

多鳞鱚，主要栖息于热带海滩、沿岸内湾和河口沙洲，有时进入淡水，栖息于水深1米~60米海域，体背侧颜色为褐色，腹侧线为银白色，眼间隔部与颊部有圆栉混合鳞，尾鳍后部边缘为近截形。

多鳞鱚主要以甲壳类、蠕虫为食。

❖ 分布

分布于红海、非洲东岸、澳大利亚、印度、印度尼西亚、菲律宾、朝鲜、日本。在中国分布于南海、东海、黄海、渤海等海域。

❖ 经济利用

可食用鱼。

· 鰤科 Callionymidae

· 日本䲗 *Callionymus japonicus*

❖ 形态特征

日本䲗主要栖息于沙泥底水域，体侧为淡棕色并有圆形斑，背鳍有波状纹与1块镶白边的黑色眼状斑，尾鳍较长，且下叶与臀鳍边缘皆为黑色，该鱼种的前鳃盖骨棘呈枪状并有突起。

日本䲗主要以底栖生物为食。

❖ 分布

分布于泰国、菲律宾至澳大利亚。在中国分布于南海、东海、台湾等海域。

❖ 经济利用

可食用鱼。

· 丝背鰤 *Callionymus doryssus*

❖ 形态特征

丝背鰤体背侧颜色灰褐色，微红，有很多不规则但左右对称的暗环纹及灰白点，雄鱼臀鳍为白色，雌鱼为灰黑色。

❖ 分布

分布于印度、日本。在我国分布于南海、台湾、东海、黄海南部等海域。

❖ 经济利用

可食用鱼。

· 拟雀鲷科 Pseudochromidae

· 黑线戴氏鱼 *Labracinus melanotaenia*

❖ 形态特征

黑线戴氏鱼，又称条纹红龙鱼，主要栖息于潮池至外礁陡坡，体表底色为深红，头部为蓝绿色，体侧有数条深色平行横纹延伸至尾部，是该系列中最大的品种。因形态和习性与隆头鱼科的一些品种很接近，早期被误认为是隆头鱼类。

黑线戴氏鱼主要以甲壳类、小鱼为食。

❖ 分布

分布于菲律宾至印度尼西亚北部海域。在我国分布于南海、台湾、海南岛海域。

· 银鳞鲳科 Monodactylidae

· 银鳞鲳 *Monodactylus argenteus*

❖ 形态特征

银鳞鲳，主要栖息于河口、红树林、内湾等砾石或沙泥底质区域，体表为银白色，幼鱼颜色较鲜艳，除尾鳍外，每个鳍的颜色均为橙黄色并有黑色边缘，头部有2条黑色细横带，成鱼不明显。体形特点及鳞所特有的银色，又使银鳞鲳被称为“月亮鱼”。

银鳞鲳主要以浮游动物、甲壳类为食。

❖ 分布

分布于印度洋非洲东岸至太平洋中部诸岛。在我国分布于南海、台湾等海域。

❖ 经济利用

可食用，但多作为观赏鱼。

· 雀鲷科 Pomacentridae

· 豆娘鱼 *Abudefduf sordidus*

❖ 形态特征

豆娘鱼，主要栖息于礁区、近海沿岸、潟湖，体表为灰白至淡黄色，体侧有6条~7条暗灰色横带，有时不明显；尾柄之背侧另有1块大黑圆斑，胸鳍基底上方有1块小黑斑；鳃盖骨后部边缘上方没有黑点，尾鳍为灰白色，上、下叶各有一明显黑带，其中上叶的黑带延伸至尾柄上。

豆娘鱼主要以藻类为食。

❖ 分布

分布于印度洋-太平洋区，包括红海、东非、夏威夷、澳大利亚、皮特凯恩群岛、菲律宾、印度尼西亚、所罗门群岛、日本南部、越南。我国台湾、南海等海域有分布。

❖ 经济利用

可食用，一般不为渔获对象鱼。可作观赏鱼。

· 白条双锯鱼 *Amphiprion frenatus*

❖ 形态特征

白条双锯鱼，又称红小丑、西红柿、红番茄，背鳍前方有1条围着黑色窄边的乳白色宽带斜伸向下，经眼后缘达鳃盖骨后部。暖水性小型鱼类，生活在珊瑚礁海区，与大海葵共生，体长一般为33毫米~94毫米。

白条双锯鱼以小型无脊椎动物为食。

❖ 分布

分布于印度洋和太平洋热带海区。我国见于南海。

❖ 经济利用

可作为观赏鱼。

· 巴氏凹牙豆娘鱼 *Amblyglyphidodon batunai*

❖ 形态特征

巴氏凹牙豆娘鱼，成鱼体呈卵圆形而侧扁。吻短而略尖，眼中大，上侧位。口小，上颌骨末端不及眼前缘；齿单列，齿端有缺刻；眶下骨有鳞，后缘则平滑；前鳃盖骨后缘亦平滑。体被大栉鳞，背鳍单一，软条部延长而呈尖形；尾鳍呈弯月形或内凹，上、下叶外侧鳍条不延长且呈丝状。成鱼体一致为银绿色，头背部颜色稍深。背鳍和臀鳍末端以及尾鳍均为紫色，这是巴氏豆娘与其他体色为青色的雀鲷鱼种的最大区别。栖息于鹿角珊瑚丛生的泥泞的潟湖、水深12米以浅的水域，通常单独、成对或小群活动于离水面1米或珊瑚礁底部之上的区域。

巴氏凹牙豆娘鱼主要以海藻、浮游生物以及底栖无脊椎动物为食。

❖ 分布

分布在印度-西太平洋的珊瑚海域，分布范围包括马尔代夫和印度尼西亚一带海域。

❖ 保护级别

世界自然保护联盟（IUCN）濒危物种红色名录：易危（VU）。

· 石首鱼科 Sciaenidae

· 日本白姑鱼 *Argyrosomus japonicus*

❖ 形态特征

日本白姑鱼鱼体为褐色，腹部为灰色，口腔为浅灰色，背鳍边缘为黑色，尾鳍为深灰色。

❖ 分布

分布在印度-西太平洋区，包括东非、南非、阿拉伯海、毛里求斯、印度、巴基斯坦、日本、韩国、越南。在我国台湾、香港、东海、南海等海域有分布。

❖ 保护级别

中国物种红色名录（No.3320）：易危（VU）。

· 鳞鳍叫姑鱼 *Johnius distinctus*

❖ 形态特征

鳞鳍叫姑鱼主要栖息于近海和咸淡水交汇处，体背颜色为银灰褐色，侧线上、下各有1条暗色宽纵带，幼鱼较成鱼明显；腹部为银白，有一个明显的特征是背鳍硬棘膜有黑斑，尾鳍为楔形且有黑色边缘，鳃盖上方有不明显暗斑。

❖ 分布

分布于西北太平洋区。在中国，主要分布于南海、东海、黄海南部，以及台湾的澎湖北部、西部沿海。

· 黄唇鱼 *Bahaba taipingensis*

❖ 形态特征

黄唇鱼，主要栖息于近海水深50米~60米海区，幼鱼栖息于河口及附近沿岸。黄唇鱼体背颜色为棕带橙黄色，腹侧为灰白色，胸鳍基部腋下有1块黑斑，背鳍鳍棘部及鳍条部边缘为黑色，尾鳍为灰黑色，腹鳍及臀鳍均为浅色。

黄唇鱼主要以小型鱼类、甲壳类为食。

❖ 分布

主要分布于中国广东珠江口海域、浙江杭州湾舟山海域、福建闽江口泉州湾海域等江河出口海域。

❖ 保护级别

国家重点保护野生动物等级：一级。

· 美国红鱼 *Sciaenops ocellatus*

❖ 形态特征

美国红鱼，栖息于广温性水域，可以适应各种水质环境，侧线明显，背部颜色为浅黑色，鳞片有银色光泽，腹部中部为白色，两侧为粉红色。尾鳍为黑色，最明显的特征是尾基部侧线上方有1块黑色圆斑。

美国红鱼主要以小型鱼类、甲壳类为食。

❖ 分布

中国辽宁、山东、江苏、浙江、福建、广东、广西、海南皆有规模化养殖场。

❖ 经济利用

可食用。

· 尖头黄鳍牙鲅 *Chrysochir aureus*

❖ 形态特征

尖头黄鳍牙鲅，体长且侧扁，背部略呈弧形，腹部较平直。头中大而尖，吻尖突，大于眼径。吻褶游离，分为两叶。眼较小，位于头的前半部，眼间隔微凸，约与眼径等长。鳃孔宽大，前鳃盖骨边缘有细弱锯齿。鳃盖骨后上方有2根柔弱扁棘。鳃盖膜不与峡部相连。栖息于沿岸浅水区。

尖头黄鳍牙鲅吃小型甲壳动物。

❖ 分布

分布于孟加拉湾、马来半岛、印度尼西亚至中国。在我国，产于南海、东海。

❖ 保护级别

中国物种红色名录（No.3324）：易危（VU）。

· 魣科 Sphyraenidae

· 油魣 *Sphyraena pinguis*

❖ 形态特征

油魣主要栖息于太平洋和印度洋暖温带沿岸，体侧上部颜色为黑褐色，下部为灰白色，体侧有褐色纵带，鳍的颜色均为浅灰色，尾鳍后部边缘为淡黑色。

油魣主要以小型鱼类、甲壳类为食。

❖ 分布

分布于朝鲜、日本。在中国分布于南海、东海、黄海、渤海等海域。

❖ 经济利用

可食用鱼。

· 大眼魣 *Sphyraena forsteri*

❖ 形态特征

大眼魣又名大眼金梭鱼、针梭、竹梭、巴拉库等，头长，吻尖突。口裂大而宽平，下颌突出于上颌，上颌骨末端不及眼前缘或正好在眼前缘之下方，上、下颌及腭骨均具尖锐且大小不一的犬状齿，锄骨无齿。无延长鳃耙，仅有多个瘤状鳃耙。体背部青灰蓝色，腹部呈白色，体侧无暗色纵带，胸鳍基部上方有1块小黑斑，腹鳍基部上方无小黑斑。尾鳍暗黄色，余鳍灰黄或淡黄色。游泳能力强，活动范围广，并无固定的栖所。

大眼魣肉食性，以礁区的鱼类及头足类为食。

❖ 分布

主要分布于印度洋-太平洋区。

❖ 经济利用

食用鱼。

· 倒牙魣 *Sphyraena putnamae*

❖ 形态特征

倒牙魣又称布氏金梭鱼，俗名针梭、竹梭、巴拉库等。体长，呈鱼雷状，横切面近似圆柱形，上颌骨达眼前缘下方，体侧大约有20个角形纹，由背部延伸至侧线下方约2/3处，臀鳍第1鳍基骨有扩大现象，体长可达90厘米。该鱼种白天常成群在礁湖内礁块的上面水层或礁坡外徘徊。

倒牙魣属肉食性鱼类，以鱼类为食。

❖ 分布

本鱼分布于印度洋-太平洋区，包括南非、东非、红海、巴基斯坦、伊朗、印度、泰国、日本、中国、菲律宾、印度尼西亚、澳大利亚、新喀里多尼亚、斐济、法属波利尼西亚等海域。

❖ 经济利用

食用鱼。

· 带鱼科 Trichiuridae

· 沙带鱼 *Lepturacanthus savala*

❖ 形态特征

沙带鱼主要栖息于近岸浅海，体背部颜色为灰褐色，腹部为银白色，该鱼种体长且侧面比较扁，呈现1条带子的形状，两颌牙很强大，其中上颌前端有4个有倒钩的犬牙。

沙带鱼主要以小型鱼类、甲壳类为食。

❖ 分布

分布于朝鲜、日本。在中国分布于南海、东海、黄海、渤海等海域。

❖ 经济利用

可食用鱼。

· 波氏窄颅带鱼 *Evoxymetopon poeyi*

❖ 形态特征

波氏窄颅带鱼，鱼体特别细长，侧扁如带，向后逐渐纤细，尾鳍小或缺。无鳞片，但有明显侧线。头长，吻端尖，下颌突出；口裂宽，锐齿1列，背鳍及臀鳍长直到尾端；腹鳍及胸鳍小。栖息于泥质海域，日间贪食底栖小动物，到了夜间成群上浮至中表层水域追食小鱼，常在港内及河口附近出现，栖息于5米～20米水深的沿岸或河口海域。长距离游泳时，大都头朝上尾朝下，春季产卵。

❖ 分布

分布于西太平洋和印度洋以及日本海南部。

❖ 经济利用

食用鱼。

· 虾虎鱼科 Gobiidae

· 六丝钝尾虾虎鱼 *Amblychaeturichthys hexanema*

❖ 形态特征

六丝钝尾虾虎鱼主要栖息于浅海及河口附近水域，体表为黄褐色，体侧有4个～5个暗色斑块；第一背鳍前部边缘为黑色，其余各鳍为灰色，该鱼种肩带内部边缘无长指状肉质皮瓣，但隐藏有2个颗粒状的肉质皮突，左右鳍愈合为1个吸盘。

六丝钝尾虾虎鱼主要以小型鱼类、甲壳类为食。

❖ 分布

分布于西北太平洋海域，包括朝鲜半岛、日本、中国沿海。在中国分布于渤海、黄海、东海和南海。

❖ 经济利用

可食用。亦可作对虾活饵。

· 刺尾鱼科 Acanthuridae

· 斑头刺尾鱼 *Acanthurus maculiceps*

❖ 形态特征

斑头刺尾鱼主要栖息于面向大海的清澈潟湖及礁区，体表为橄榄绿至暗褐色，有许多不规则的蓝灰色波状纵线，头部及颈部则散布许多暗橙色斑点；胸鳍上方有1块椭圆形黑斑；背鳍及臀鳍为褐色，基底及鳍缘均有蓝带；尾鳍为黑褐色，基部有1条白带，有蓝色边缘；胸鳍为暗色，末端为黄色；尾柄棘沟缘为蓝黑色，而尾棘则为淡色。

斑头刺尾鱼主要以藻类为食。

❖ 分布

分布于印度–西太平洋区，包括日本至东印度洋和菲律宾群岛，以及中国东海、台湾、南海等海域。

❖ 经济利用

可作观赏鱼、食用鱼。

· 球吻鼻鱼 *Naso tonganus*

❖ 形态特征

球吻鼻鱼主要栖息于较浅礁区海域，栖息深度在3米~20米，少见，体表颜色为灰色，腹面为灰黄色，瘤状突起的背面及其后方体侧有大片污斑及污点，有时不明显；胸鳍与尾鳍均有黑色边缘。

球吻鼻鱼主要以藻类为食。

❖ 分布

分布于印度洋-太平洋区，从东非至萨摩亚群岛海域。

❖ 经济利用

可食用鱼。

· 粗棘鼻鱼 *Naso brachycentron*

❖ 形态特征

粗棘鼻鱼主要栖息于珊瑚礁区或岩岸礁海域，栖息深度在20米以浅。粗棘鼻鱼体表为橄榄色至暗褐色，鳃膜为白色，体侧没有任何斑纹；背鳍与臀鳍软条部及尾鳍周边均有白色边缘。随着生长，雄鱼在眼前方的额部逐渐突出并形成短、钝、圆的角状突起，角状突起与吻部呈45度角，雌鱼则没有；雌、雄鱼背部则皆随生长隆起1个突起。

粗棘鼻鱼主要以藻类为食。

❖ 分布

分布于印度洋-太平洋区，西起非洲东部，东至马贵斯及社会群岛，北至日本，南至万那杜。

❖ 经济利用

可食用或观赏。

· 黑尾刺尾鱼 *Acanthurus nigricauda*

❖ 形态特征

黑尾刺尾鱼又名黑尾刺尾鲷、倒吊、粗皮仔，体呈椭圆形且侧扁。头小，头背部轮廓随着成长而凸出。口小，端位，上下颌各有1列扁平齿，齿固定不可动，齿缘有缺刻。背鳍及臀鳍硬棘尖锐，胸鳍近三角形，尾鳍弯月形，随着成长，上、下叶逐渐延长。体一致为紫灰至黑褐色，体侧无任何小斑点及线纹，但在鳃盖上方，眼正后方有“一”字形黑斑，尾柄棘向前亦有一块黑斑。背鳍及臀鳍黑褐色，背鳍基底有一条不太明显的紫色纹，鳍缘为淡蓝色；尾鳍褐色，鳍缘为白色，基部有白色弧带；胸鳍基部黑色，其余淡白色；腹鳍黑色，鳍缘为淡蓝色；尾柄棘沟缘为黑褐色。本鱼栖息在水质清澈的珊瑚礁或潟湖。

黑尾刺尾鱼属杂食性鱼类，以藻类及浮游动物为食。

❖ 分布

分布于印度-西太平洋区，西自东非洲，东至土木土群岛，北起日本南部，南迄澳大利亚大堡礁。

❖ 经济利用

可食用，但大多作为观赏鱼。

· 白胸刺尾鱼 *Acanthurus leucosternon*

❖ 形态特征

白胸刺尾鱼又称粉蓝吊或粉蓝倒吊，为近海活动的热带海水鱼。体呈椭圆形，侧扁，尾柄瘦而有力。口小，端位。背鳍1枚，连续且长。头部为深蓝黑色；体侧为宝蓝色，唇缘有白线，喉颊部至鳃盖后缘有1条白色斑纹；背鳍呈鲜黄色，有黑缘；腹鳍、臀鳍淡色；胸鳍黄色；尾鳍白色，有黑边。一般体长19厘米，最大体长可达54厘米。栖息在沿岸及岛屿的浅水珊瑚礁区，通常见于礁盘及其上端陡坡处。

❖ 分布

主要分布于印度洋和太平洋中西部海域。

❖ 经济利用

外观美丽，可作为观赏鱼。

· 橙斑刺尾鱼 *Acanthurus olivaceus*

❖ 形态特征

橙斑刺尾鱼又称一字刺尾鲷，俗名红印倒吊、一字倒吊，鱼体呈椭圆形、侧扁。头小，头背部轮廓随着成长而凸出。口小，端位，上下颌各有1列扁平齿，齿固定不可动，齿缘有缺刻。体长在6厘米以下时，全身为黄色，稍大时则在肩部出现不明显呈“一”字形的橙色横斑。次成鱼体为暗黄到棕色，横斑变为明显橙色，至成鱼体色则以深黑色为底。成长过程中，体色常有前后浓淡不均的两色现象。幼鱼尾略凹入。为暖水性鱼类，一般喜栖于水质清新的珊瑚礁或岩石海域。发育过程有透明幼体阶段，随着生长，体形或体色变化极大。

橙斑刺尾鱼主要以藻类为食。

❖ 分布

分布于印度洋-太平洋海域，包括圣诞岛、中国、日本、澳大利亚、菲律宾、印度尼西亚、新几内亚、马里亚纳群岛、密克罗尼西亚、斐济群岛、夏威夷群岛、瓦努阿图、所罗门群岛等海域。

❖ 经济利用

体色特别，为可爱的观赏鱼，大鱼亦可食用。一般以流刺网、延绳钓或潜水镖鱼法等捕获。观赏及食用皆可。

· 额带刺尾鱼 *Acanthurus dussumieri*

❖ 形态特征

额带刺尾鱼又称杜氏刺尾鲷，俗名粗皮鱼，体呈椭圆形、侧扁。头小，头背部轮廓不特别凸出。口小，端位，上下颌各具1列扁平齿，齿固定不可动，齿缘有缺刻。背鳍及臀鳍硬棘尖锐，胸鳍近三角形，尾鳍弯月形，随着成长，上、下叶逐渐延长。体黄褐色，有许多不规则的蓝色波状纵线，头部黄色且有蓝色点及蠕纹，紧贴着眼睛后方有1块不规则的黄色斑块，眼前有1条黄色带横跨眼间隔，鳃盖膜黑色。背鳍及臀鳍黄色，基底及鳍缘有蓝带；尾鳍蓝色，有许多小黑点，基部有1条黄弧带；胸鳍上半部分黄色，下半部分蓝色或暗色；尾柄棘沟缘为黑色，而尾棘则为白色。栖息深度为4米～130米，栖息于沿岸附近的珊瑚礁及岩礁地带。为日行性鱼类，一般小鱼于礁盘上方活动，成鱼则常成群的洄游于中层水域。

额带刺尾鱼以附着性藻类、硅藻或有机碎屑为食。

❖ 分布

分布于印度洋-太平洋区，西起东非沿岸，东至夏威夷、库克群岛和莱恩群岛，北至日本南部，南至豪勋爵岛。

❖ 经济利用

兼具观赏性及食用性。

· 高鳍刺尾鱼 *Zebrasoma velifer*

❖ 形态特征

高鳍刺尾鱼又称大帆倒吊，体呈卵圆形、侧扁。口小，端位，上、下颌齿较大，齿固定不可动，扁平，边缘有缺刻。体色有变异，由深橄榄棕色到几乎全黑，杂有暗黄色的垂直窄斑纹及较宽的白色斑纹。头部色白，散布暗黄色斑点，1条深棕色垂直斑纹横过眼睛。臀鳍及背鳍与鱼体同色，都有卷曲环状的白色窄斑纹。尾鳍棕色，布满暗黄色小斑点。为暖水性珊瑚礁鱼类，生活于浅海珊瑚礁区，多见于水深5米~10米的海域，集群生活。

高鳍刺尾鱼具有杂食性，喜食藻类、虾蟹、珊瑚虫等。

❖ 分布

本鱼分布于印度洋-太平洋区，包括东非、红海、马达加斯加、毛里求斯、留尼汪、科摩罗、塞舌尔、马尔代夫、斯里兰卡、安达曼群岛、印度、日本、菲律宾、马来西亚、印度尼西亚、新几内亚、泰国、澳大利亚、罗德豪岛、圣诞岛、新喀里多尼亚、马里亚纳群岛、马绍尔群岛、帕劳、密克罗尼西亚、所罗门群岛、斐济群岛、瓦努阿图、瑙鲁、夏威夷群岛、波利尼西亚、基里巴斯、图瓦卢、复活节岛、东加、萨摩亚群岛。中国沿海等海域。

❖ 经济利用

兼具观赏性及食用性。

· 横带刺尾鱼 *Acanthurus triostegus*

❖ 形态特征

横带刺尾鱼，又称条纹刺尾鱼。鱼吻及下颌周围有淡色环，体被细小栉鳞。体色较浅，有白色、白中带绿甚至灰色或黄色等不同色彩。体侧有5条纵向黑色条纹，其中1条经过鱼眼。体侧非常扁平，鳃耙、背鳍和臀鳍不明显。尾柄两侧各有1根向前棘。鱼体平均长度17厘米，最长27厘米，体长为体高的2.3倍。该鱼种为大洋底栖性鱼类，也是暖水珊瑚礁鱼类。

❖ 分布

分布于印度-太平洋海域，西起东非，东至巴拿马，北起日本南，南至罗德豪岛、杜夕岛（包含密克罗尼西亚）。

❖ 经济利用

兼具观赏性及食用性。

· 黄高鳍刺尾鱼 *Zebrasoma flavescens*

❖ 形态特征

黄高鳍刺尾鱼，个体呈卵圆形而侧扁，吻长突出，前端钝尖。额头陡斜，眼睛上位。口小，端位。两颌各有齿1行，上、下颌齿较大，齿固定不可动，侧扁，边缘有缺刻，呈钝锯齿状。成鱼除了黑眼睛和尾柄上的白色芽状棘外，头及身体呈一致的鲜黄色。背鳍高耸，臀鳍发达，两鳍张开，全鱼呈三角形。体侧中央有许多淡色纵线，背鳍及臀鳍硬棘尖锐，尾柄两侧各有1根向前长棘，其前方有许多毛状突起。尾鳍截形。幼鱼体白，上有许多淡棕色横线，与成鱼相比，背鳍及臀鳍鳍条均较长。礁岩栖性鱼类，主要栖息于珊瑚繁生的潟湖及面海的礁区，栖息深度为2米~46米。通常单独或成一小群游于藻丛间。

❖ 分布

原产于太平洋中西部海域，其分布区域，西起中太平洋的夏威夷、约翰斯顿，经马绍尔群岛，东至日本、菲律宾及南海北部。

❖ 经济利用

水族馆观赏鱼类。

· 黄尾副刺尾鱼 *Paracanthurus hepatus*

❖ 形态特征

黄尾副刺尾鱼又名帝王刺尾鱼、蓝倒吊、蓝吊、剥皮鱼，最大体长可达30厘米，体椭圆形，侧扁，体表是漂亮的碧蓝色，从眼后及鱼体上半部至尾柄全是黑色，中部有1块长椭圆形蓝斑，尾柄和尾鳍上下缘黑色，中间形成黄色三角形，背鳍和臀鳍边缘黑色。

❖ 分布

分布于印度洋-太平洋海域，西起非洲东岸，东至莱恩群岛，北抵日本南部，南迄澳大利亚大堡礁及新加勒多尼亚（包含密克罗尼西亚）。

❖ 经济利用

观赏鱼。

· 短吻鼻鱼 *Naso brevirostris*

❖ 形态特征

短吻鼻鱼又名短喙鼻鱼、剥皮仔、打铁婆、倒吊、粗皮仔，体长可达70厘米。体呈椭圆形、侧扁，尾柄部有两个盾状骨板，各有1个龙骨突。头小，随着成长，眼前方的额部逐渐突出，形成短、钝、圆的角状突起，与吻部近于直角。口小，端位，上下颌各有1列齿，齿稍侧扁且尖锐，两侧或有锯状齿。背鳍及臀鳍硬棘尖锐，臀鳍软条27枚~30枚，尾鳍截平。体呈橄榄色至暗褐色，鳃膜白色，体侧有暗色垂直带，带的上、下方有暗色点，头部亦有暗色点，尾鳍白色至淡蓝色，基部有一块暗色大斑。短喙鼻鱼常成群在礁区水层中巡游，特别是在礁坡、礁外缘。短喙鼻鱼可以根据水的质量变换身体颜色，当它对周围环境或其他鱼类不满的时候，颜色会变深，可以用于监控水质。

短吻鼻鱼幼鱼以藻类为食，成鱼以浮游生物为食。

❖ 分布

分布于印度洋-太平洋海域。

❖ 经济利用

兼具观赏性及食用性。内脏及头部可能有毒性累积，故需避免食用此部位。

· 篮子鱼科 Siganidae

· 单斑篮子鱼 *Siganus unimaculatus*

❖ 形态特征

单斑篮子鱼主要栖息于珊瑚礁区，吻部略长呈管状，鱼体1/3的部分以白色为底，上有2条黑色宽斜带，1条自头顶延伸至吻端，还有1条自鳃盖后上方向喉部延伸，并扩及腹鳍处，后2/3部分则为均匀的亮黄色，在身体后上方有2个大黑斑，有时会相连，有时又会消失不见，除过胸鳍为透明外，其他的均为亮黄色。

单斑篮子鱼主要以藻类为食。

❖ 分布

分布于西太平洋区，包括琉球群岛、中国南海、澳大利亚西部沿海、菲律宾等海域。

❖ 经济利用

体色鲜艳的高级观赏鱼，不供食用。

· 凹吻篮子鱼 *Siganus corallinus*

❖ 形态特征

凹吻篮子鱼身体呈长方形，浅黄色，有很多蓝色斑点覆盖全身。

❖ 分布

分布于印度洋的塞舌尔群岛到澳大利亚，北至日本南部以及中国西沙群岛等海域。

❖ 经济利用

可饲养。

· 褐篮子鱼 *Siganus fuscescens*

❖ 形态特征

褐篮子鱼又名泥猛鱼、黎猛、臭都鱼，身体侧扁，侧面呈长椭圆形，头较小。体被小圆鳞，埋于皮下；侧线完全，尾柄细长；幼鱼尾鳍后缘浅凹形，成鱼尾鳍叉形。身体背部黄绿色且带有褐色，腹部灰黄色。体侧密布浅色小斑点，各鳍黄褐色，尾鳍有颜色深浅不一的带纹及斑点。

❖ 分布

分布于西太平洋。在中国主要分布于东海、南海，偶见于黄海。

❖ 经济利用

鱼胆可用于治疗中耳炎、皮肤溃疡、疮疖肿毒、胆囊炎、跌打损伤等病症。

· 狐篮子鱼 *Siganus vulpinus*

❖ 形态特征

狐篮子鱼，体长椭圆形，侧扁，头小而尖。吻颇长，向前呈管状突出。背鳍基前方有1根向前倒伏的小棘，第1鳍棘短于最后鳍棘。体黄褐色，头侧密布褐色小点，前胸部暗褐色。体长18厘米左右。

❖ 分布

分布于中、西太平洋和我国南海。

❖ 保护级别

中国物种红色名录（No.3466）：易危（VU）。

· 裸颊鲷科 Lethrinidae

· 金带齿颌鲷 *Gnathodentex aureolineatus*

❖ 形态特征

金带齿颌鲷主要栖息于珊瑚礁区，体侧颜色为淡紫褐色，腹侧为青绿色，体侧有若干黄色纵条，背鳍基下方有1块金黄色斑，鳍的颜色均为红色，该鱼种上颌骨有1纵列齿状嵴，颌齿形状为锥状。

金带齿颌鲷主要以多毛类、甲壳类、鱼类为食。

❖ 分布

分布于印度洋-太平洋区，包括东非、马达加斯加、毛里求斯、塞舌尔群岛、红海、马尔代夫、斯里兰卡、印度、阿拉伯海、阿曼湾、孟加拉湾、安达曼海、日本、泰国、越南、马来西亚、印度尼西亚、澳大利亚、圣诞岛、新喀里多尼亚、斐济群岛、菲律宾、所罗门群岛、诺鲁、密克罗尼西亚、马绍尔群岛、马里亚纳群岛，波利尼西亚、萨摩亚群岛、图瓦卢、东加、基里巴斯、库克群岛。在中国广泛分布于沿海、台湾等海域。

❖ 经济利用

食用鱼，味美，适合清蒸或红烧。

· 星斑裸颊鲷 *Lethrinus nebulosus*

❖ 形态特征

星斑裸颊鲷主要栖息于10米~75米海域，白天在礁石区与沙地间巡游，对淡水稍具忍受力，幼鱼偶尔会进入河口区活动。星斑裸颊鲷体表为草黄色，腹部为乳白色，体侧每个鳞上都有晶蓝色斑点，宛若群星闪烁，因故得名。另外背鳍为浅红色，胸鳍为浅黄色，尾鳍有褐色斜形横条纹。

星斑裸颊鲷主要以小鱼及小型底栖无脊椎动物为食。

❖ 分布

分布于印度-西太平洋区，包括红海、东非、马达加斯加、毛里求斯、留尼汪、马尔代夫、塞舌尔群岛、波斯湾、斯里兰卡、印度、安达曼海、泰国、印度尼西亚、马来西亚、越南、日本、菲律宾、新几内亚、澳大利亚、马里亚纳群岛、诺鲁、帕劳、所罗门群岛、马绍尔群岛、密克罗尼西亚、斐济群岛、夏威夷群岛、萨摩亚群岛、波利尼西亚、新喀里多尼亚、东加、基里巴斯、图瓦卢、万那杜。在中国广泛分布于沿海和台湾等海域。

❖ 经济利用

上等优质食用鱼，肉质细嫩，口甜。红烧、清蒸皆可，除鲜食外也可腌制咸鱼。

· 红鳍裸颊鲷 *Lethrinus haematopterus*

❖ 形态特征

红鳍裸颊鲷，长卵圆形、侧扁，吻长、较尖。一般体长15厘米～25厘米，体重150克～300克，体背面狭窄，腹面圆钝。两颌前端有两个圆锥状犬牙，后方各有一丛绒毛状齿，两侧有细尖牙1行。头部只有鳃盖骨被鳞，其余皆裸露；背结1个，结棘强，各鳍棘平卧时，部分可折叠于背部浅沟内。胸鳍位低，颇大呈镰刀状。尾鳍叉形，体被较大薄鳞，体淡青灰色，背部较深，腹部乳白色。鳃盖边缘红色，除尾鳍外各鳍浅红色，其中背鳍较深。喜栖息在水深35米～75米，底质为泥沙或沙泥海区。幼鱼常出现于河口水域。

红鳍裸颊鲷具有群居性，主要以软体动物、甲壳类及小鱼为食。

❖ 分布

分布于太平洋中部和西部。我国产于南海和东海南部。

❖ 保护级别

中国物种红色名录（No.3317）：易危（VU）。

· 阿氏裸颊鲷 *Lethrinus atkinsoni*

❖ 形态特征

阿氏裸颊鲷俗名太平洋裸颊鲷、龙尖、太平洋黄尾龙占，体延长而呈长椭圆形。吻中短而略钝，吻上缘与上颌间的角度为65度~70度。眼间隔凸起或微凸，眼大，位于近于头背侧。口端位，两颌有犬齿及绒毛状齿，后方侧齿呈圆形或臼齿状，上颌骨上缘平滑或稍呈锯齿状。颊部无鳞，胸鳍基部内侧有鳞，尾鳍分叉，两叶先端尖型。体背侧蓝灰至橄榄黄，腹面白色，头部褐色，唇部红色。各鳍淡黄或橘红色，或有红缘。

❖ 分布

分布于太平洋区，西起印度尼西亚、菲律宾，东至土木土群岛，北至日本南部，南迄澳大利亚北部。

❖ 经济利用

经济鱼类。

· 黄唇裸颊鲷 *Lethrinus xanthochilus*

❖ 形态特征

黄唇裸颊鲷，鱼体散布不规则黑斑灰黄色，嘴唇黄色，上唇更加明显，胸鳍基地有红点。鳍是蓝灰色和杂色，鱼鳍基地更轻的背鳍和尾鳍边缘是红色的。

❖ 分布

分布于印度洋-太平洋，包括红海，东非和印度洋中部的马克萨斯群岛，北至琉球群岛。

❖ 保护级别

中国物种红色名录（No.3318）：易危（VU）。

· 尖吻裸颊鲷 *Lethrinus olivaceus*

❖ 形态特征

尖吻裸颊鲷，体侧扁，口大，口内鲜红色，特征是吻特别尖长。鱼体灰绿色，背部颜色较深，有少许深色斑块，尾鳍叉形。生活于1米～185米海域，白天在礁石区间巡游，夜晚则到沙地上寻找食物，警觉性较高。

尖吻裸颊鲷具肉食性，以小鱼及小型底栖无脊椎动物为食。

❖ 分布

本鱼分布于印度-西太平洋区，包括红海、东非、马达加斯加、毛里求斯、留尼汪、马尔代夫、塞舌尔群岛、波斯湾、斯里兰卡、印度、安达曼海、泰国、印尼、马来西亚、越南、日本、中国沿海、菲律宾、新几内亚、澳大利亚、马里亚纳群岛、瑙鲁、帕劳、所罗门群岛、马绍尔群岛、密克罗尼西亚、斐济群岛、夏威夷群岛、萨摩亚群岛、波利尼西亚、新喀里多尼亚、东加、基里巴斯、图瓦卢、万那杜等海域。

❖ 经济利用

可食用鱼。

· 灰裸顶鲷 *Gymnocranius griseus*

❖ 形态特征

灰裸顶鲷，上、下颌前端有2对～3对犬牙，两颌外行为1列圆锥牙，内行为细牙带。背鳍1个，中间无缺刻，鳍棘强。胸鳍、腹鳍大，位低、尾鳍深叉形，头部除颊部及鳃盖外皆裸露无鳞，前腮盖骨后缘平滑，体灰白略带暗棕色，腹部色浅，体侧有不明显棱。背部较深，腹部较淡，吻端、眼间隔及眼下各有1条暗色带，体侧及尾鳍各有5条～7条暗色横带。体被弱栉鳞，头大部裸露无鳞，颊部有鳞4行。侧线完全。背鳍鳍棘部与鳍条部相连，鳍棘强，以第四鳍棘为最长。臀鳍与背鳍鳍条部相对，胸鳍位低，腹鳍位于胸鳍基下方，尾鳍分叉。

❖ 分布

分布于印度洋非洲东岸，东至印度尼西亚，北至朝鲜、日本。在我国分布于南海海域。

❖ 经济利用

可食用。

· 盖刺鱼科 Pomacanthidae

· 二色刺尻鱼 *Centropyge bicolor*

❖ 形态特征

二色刺尻鱼，体椭圆形，头部两眼间由1条蓝黑色斑带相连，鱼体前半部鲜黄色，后半部蓝色，尾部黄色。成鱼最大体长15厘米。栖息在珊瑚礁区，喜成对或集小群活动。

二色刺尻鱼以海藻、海绵、海鞘及甲壳动物等为食。

❖ 分布

分布于印度洋-太平洋区，西起东非沿岸，东至萨摩亚和土阿莫土群岛，北至日本南部，南至新喀里多尼亚，遍布密克罗尼西亚。

❖ 经济利用

颜色鲜艳的观赏鱼类，无食用经济价值。

· 半环刺盖鱼 *Pomacanthus semicirculatus*

❖ 形态特征

半环刺盖鱼，体长可达40厘米。体卵圆形及侧扁，体被细栉鳞，前鳃盖骨呈幼锯齿状，下角有1根水平强棘。成鱼体前及后1/3部分褐色，中央部分黄绿色，体侧及奇鳍布满蓝色小斑点；前及主鳃盖、各鳍（除胸鳍外）边缘蓝色；颊棘蓝色、口浅黄色。常栖于礁石区。

❖ 分布

分布于印度洋至西太平洋，包括红海、东非至斐济、北至日本南部、南至澳大利亚西部和新南威尔士。

❖ 经济利用

观赏鱼。

· 半环刺盖鱼（幼鱼）*Pomacanthus semicirculatus*

❖ 形态特征

半环刺盖鱼幼鱼，体表深蓝色，通体散布着蓝、黑、白三色条纹（类似半圆型或直线型条纹，一般尾部为半圆形条纹，过渡到头部为直线型条纹），生活于较浅水域。身上散布着蓝色斑点，鳃盖后缘及鳍为蓝色，背鳍与臀鳍的后部连成1个顶端鲜黄色的丝状突起。生活在珊瑚繁生的水域，水深1米～20米。喜栖于珊瑚礁处。

❖ 分布

分布于印度洋至西太平洋，包括红海、东非至斐济、北至日本南部、南至澳大利亚西部和新南威尔士。

❖ 经济利用

观赏鱼。

· 多带刺尻鱼 *Centropyge multifasciata*

❖ 形态特征

多带刺尻鱼，又名八仙新娘、十一间神仙鱼，该鱼体呈方圆形、侧扁，体淡色，体侧有8条深褐色横纹，尾鳍有褐色弧状纹，腹鳍为黄色。背鳍硬棘13枚、背鳍软条17枚～19枚；臀鳍硬棘3枚、臀鳍软条17枚～18枚。体长可达12厘米。生活于水深7米～70米。

❖ 分布

分布于印度洋-太平洋区，包括可可群岛、马来西亚、日本、南海海域、菲律宾、印度尼西亚、澳大利亚、密克罗尼西亚、新喀里多尼亚、马绍尔群岛、所罗门群岛、库克群岛、东加、万那杜、波利尼西亚、关岛、基里巴斯、萨摩亚群岛等海域。

❖ 经济利用

高经济价值的观赏鱼类。

· 弓纹刺盖鱼 *Pomacanthus arcuatus*

❖ 形态特征

弓纹刺盖鱼，体卵圆形、侧扁。吻短、稍尖，口小，下颚突出超过上颚，嘴有梳子状的牙齿。头部轮廓非常陡峭，前鳃盖骨后缘棘刺发达。背鳍和臀鳍软条延长呈丝状，可以延伸到尾鳍的末端，尾鳍截形。胸鳍延伸超过臀鳍的底部。幼鱼尾鳍是圆形。幼鱼体黑色，有5条向后弯曲的黄色条带；成鱼体灰色，鳞片有黑色斑点。最大体长可达60厘米，重量为1.8千克。一般体长为43厘米～48厘米。成鱼的平均身长为3.3厘米～3.5厘米。

❖ 分布

分布于大西洋西部，自佛罗里达至巴西沿海，包括巴哈马、加勒比海，少量分布在墨西哥湾近海。

❖ 经济利用

肉质很好，可以新鲜或腌制出售；价值较高的海水观赏鱼，容易饲养。

· 黄褐阿波鱼 *Apolemichthys xanthurus*

❖ 形态特征

黄褐阿波鱼，体呈长卵形，吻钝且色淡，体呈灰白色或淡褐色，鳞片上的黑色的斑点比较大，身体颜色从浅蓝灰色渐变至腹侧白色。头部深褐色或黑色，一块黄斑在眼睛后上方，大约等于眼直径。尾鳍黄色，背鳍与臀鳍深褐色或黑色，有白色边缘，毗连的尾柄区域也呈黑色。鱼体长可达15厘米。主要栖息在水深5米～20米的珊瑚礁繁盛的区域。经常成对或群出现。

黄褐阿波鱼属杂食性，以藻类、海绵与底栖的无脊椎动物等为食。

❖ 分布

分布于西印度洋区，包括毛里求斯、马尔代夫、印度、留尼汪、斯里兰卡等海域。

❖ 经济利用

观赏鱼。

· 黄颅刺盖鱼 *Pomacanthus xanthometopon*

❖ 形态特征

黄颅刺盖鱼，鱼体略高而呈卵圆形，吻钝而小，鳃前盖骨有1根硬棘。幼鱼期体深蓝色，遍布白色半圆细纹；成鱼体呈黄褐色且密布小蓝点，额部深褐色，头部呈亮蓝色，并散布褐色斑纹。最明显的特征是脸部呈黄色，胸鳍、尾鳍和胸部黄色，背鳍软条部有1块黑色眼斑。

❖ 分布

分布于印度洋-太平洋区，包括马尔代夫、日本、马来西亚、印尼、澳大利亚、密克罗尼西亚、帕劳、新几内亚、菲律宾、瓦努阿图等海域。

❖ 经济利用

高价值观赏鱼，无食用价值。

· 甲尻鱼 *Pygoplites diacanthus*

❖ 形态特征

甲尻鱼，体呈卵型，体被中小型栉鳞，前鳃盖骨有棘，间鳃盖骨无棘，体黄色，有8条～9条淡青色的黑边横带，由背鳍前方至眼后有1条黑边淡青色带，臀鳍褐色，有数条青色纵纹，背鳍软条部黑色。

❖ 分布

分布于印度洋-太平洋海域，分布范围东起红海和非洲东岸，西至土阿莫土群岛，北至琉球群岛，南至澳大利亚大堡礁。

❖ 保护级别

中国物种红色名录（No.3358）：濒危（EN）。

· 石鲈科 Pomadasyidae

· 东方胡椒鲷 *Plectorhinchus orientalis*

❖ **形态特征**

东方胡椒鲷，别名东方石鲈、东方胡椒鲷、东方裸颊鲷鱼、打铁婆、多带石鲈。鲷体延长而侧扁，背缘隆起呈弧形，腹缘圆。头中大，背面隆起。吻短钝而唇厚，随着成长而肿大。口小，端位，上颌突出于下颌；颌齿呈多行不规则细小尖锥齿。鳃耙细短，体灰白色，体侧共有6条由吻端至体后部的暗褐色宽纵带，腹部的纵带较窄。各鳍淡黄色至淡白色，背鳍、臀鳍和尾鳍散布有黑褐色斑点；胸鳍基部有黑褐色斑；腹鳍外侧鲜黄色，内侧淡白色，基部红色。幼鱼体及各鳍呈褐色并散布大型白色斑块。

❖ **分布**

分布于印度洋-太平洋区，西起非洲东岸，东至萨摩亚，北达日本，南迄新加勒多尼亚。我国产于南海海域。

❖ **经济利用**

可作为观赏鱼。

· 黑鳍髭鲷 *Hapalogenys nigripinnis*

❖ 形态特征

黑鳍髭鲷，体呈长椭圆形，侧扁，背狭，腹面钝圆。体高以第1背鳍起点处为最高，背缘自头后部起至尾柄前，曲度大，呈“弓”字形。腹缘曲度较小，头大，前端尖钝，吻长，唇厚。眼中等大小，吻端、下颏部生有细小髭。体被小而强的栉鳞，侧线高位连续，与背缘并行。背鳍鳍基部强大，其起点为鳃盖后角尖的上方，第4鳍棘最长，背鳍的鳍条部呈圆形；臀鳍小，以第2鳍棘为最长，腹鳍与胸鳍等长，尾鳍后缘呈双截形。体上部黑褐色，腹部淡褐色，背鳍鳍棘部及腹鳍的外缘深黑色。体侧有黑色宽带3条：第1条自头后部向后下方弯曲，直达臀鳍的起点前；第2条自背鳍第4至6鳍棘之间，向后下方弯曲，与第1条并行直达尾柄；第3条甚窄，位于背鳍鳍条部的下方。

❖ 分布

分布于西太平洋区，由朝鲜半岛、日本至我国南海海域。

❖ 经济利用

据《中国有毒鱼类和药用鱼类》记载：髭鲷的鳔含有大量蛋白质胶体，泡过水后，可以贴敷在患处清热消退、补气活血，也可以用来治疗腮腺炎。

· 横带髭鲷 *Hapalogenys mucronatus*

❖ 形态特征

横带髭鲷，体呈椭圆形，侧扁而高。一般体长10厘米～15厘米，体重200克～400克。背鳍前高度隆起，前鳃盖骨后缘有细锯齿，体被细栉鳞，呈黄褐色，头和体侧有7条深褐色横带，下颌前部密生小髭，头小，眼大而圆。2个背鳍分离，第1背鳍为粗壮硬棘，其中第3鳍棘最长，第2背鳍鳍条圆形，臀鳍鳍棘坚硬。尾鳍楔形。第2背鳍、尾鳍及臀鳍为黄色、边缘褐色，腹鳍浅黑色。背部隆起。体色灰褐，体侧有5条深色宽横带。背鳍第3棘与臀鳍第2棘特别强大，背鳍、臀鳍软条部及尾鳍为鲜黄色并具黑缘，尾鳍圆形。

❖ 分布

分布于北太平洋西部，中国沿海均产。

❖ 经济利用

食用鱼，观赏鱼。

· 黄斑胡椒鲷 *Plectorhinchus flavomaculatus*

❖ 形态特征

黄斑胡椒鲷别名“打铁婆”，体长而侧扁，背缘隆起呈弧形，腹缘圆。头中大，背面隆起。吻短钝而唇厚，随着成长而肿大。口小，端位，上颌突出于下颌，颌齿呈多行不规则细小尖锥齿。

❖ 分布

分布于印度-西太平洋区，包括红海、东非、南非、马达加斯加、毛里求斯、塞舌尔群岛、马尔代夫、斯里兰卡、印度、日本、韩国、越南、菲律宾、印度尼西亚、澳大利亚、新几内亚、新喀里多尼亚、帕劳、所罗门群岛、马里亚纳群岛、马绍尔群岛、密克罗尼西亚、瑙鲁、斐济群岛。在中国广泛分布于沿海海域。

❖ 经济利用

高经济价值鱼种，味美，可红烧或做味噌汤。体色鲜丽特殊，常被饲养于水族箱中观赏。

· 五棘鲷科 Pentacerotidae

· 帆鳍鱼 *Histiopterus typus*

❖ 形态特征

帆鳍鱼也称五棘鲷、旗鲷、神仙鱼、燕儿鱼，体侧扁而高，略呈三角形，背部轮廓隆起，体高略大于体长的1/2。头背部颅骨裸露，有辐射状骨质突起。口小，吻突出，唇厚有细髭。前颌骨稍能活动，上颌骨一部分被眶前骨所覆盖；颌齿数行，圆锥形；锄骨无齿。鳃盖骨无棘，鳃耙短小，呈结节状。体被小栉鳞，侧线完全。栖息于较深的沙泥底区域，栖息深度可达400米以深。

帆鳍鱼食性较杂，喜食动物性饵料。

❖ 分布

分布于印度-西太平洋区，自红海、阿曼、阿拉伯海至菲律宾，北至日本，南至澳大利亚。

❖ 经济利用

可食用。

· 剑鱼科 Xiphiidae

· 剑鱼 *Xiphias gladius*

❖ 形态特征

剑鱼身体是典型的流线型，体表光滑，上颌长而尖，背部的鳍较小，嘴较扁平，无鳃和腹鳍；颜色各异，大体上鱼背和鱼身为棕偏黑色；体短壮，尾柄短细、平扁，每侧有1根发达的中央隆起脊，无其他小隆起脊。吻部向前延长为扁而尖锐的剑状突出。眼大，齿细小，随着成长而逐渐消失，成鱼没有颌齿。平均重量为68千克~113千克，平均长度2.1米，嘴占其身长的1/3。

剑鱼主要食物为其他鱼类和乌贼。

❖ 分布

剑鱼是全球性分布物种，广泛分布于世界各热带及亚热带海域，主要有太平洋、大西洋和印度洋，有时也出现于冷水海域，包括地中海、马尔马拉海、黑海与亚速海，纬度范围北纬50°~南纬50°。在中国分布于东海南部、南海海域。

❖ 保护级别

世界自然保护联盟（IUCN）濒危物种红色名录：近危（NT）。

· 金钱鱼科 Scatophagidae

· 金钱鱼 *Scatophagus argus*

❖ 形态特征

金钱鱼，身体高且侧扁，侧面观看呈卵圆形。头部常有两条黑色横带，身体褐色，腹部颜色较浅，体侧散布近圆形的大黑斑。幼鱼身体多为橄榄绿色，且有金色光泽，体侧黑斑多且明显。体被细小的鳞，不易脱落。侧线完全，奇鳍上有黑色斑点，有1个背鳍，起点前方有1枚向前平卧的棘，常埋于皮下。胸鳍短，后缘弧形。臀鳍与背鳍鳍条部形状相同，尾鳍后缘截形或双凹形。

❖ 分布

广泛分布于印度洋-太平洋水域，从科威特至瓦努阿图岛国，日本南部至帕劳、密克罗西尼亚群岛等广大水域均有分布。在中国分布于东海南部至南海及北部湾，为广东、广西沿岸常见鱼类。

❖ 经济利用

金钱鱼，体形优美，色彩斑斓，性情温顺，肉质鲜美，是一种兼具观赏和食用价值的名贵海水经济鱼类。金钱鱼环境适应性和抗病抗逆性极强，不仅能在海水中生长发育，也适宜在淡水中养殖，是中国南方沿海池塘和网箱养殖的重要种类，经济价值较高。

· 金枪鱼科 Thunnidae

· 东方狐鲣 *Sarda orientalis*

❖ 形态特征

东方狐鲣俗名炸弹鱼、洋包鱼，与扁舵鲣相似，体呈纺锤形，头圆锥形，吻钝而长，上、下颌等长，各有锐齿一行。尾柄细而有力，两侧各有1根隆起脊，尾鳍呈新月形。体背部有6条～7条暗色条纹。两腭强壮，尤其是下腭结实有力。体长可达1米，但一般体长均在50厘米左右。 口大，尾柄细短，尾部有离鳍，尾鳍深叉。鱼体具细鳞，背部蓝青色，有数条几乎平行的深蓝色纵纹，胸鳍后下方有两排黑斑，腹部银白。生活于1米～30米海域，游泳速度快且行动敏捷，性情凶猛，最适生存水温为13.5 ℃～23 ℃。

东方狐鲣具有肉食性，主要以小鱼为食。

❖ 分布

分布在印度洋、太平洋的热带、温带区域。自日本东北地区以南海域可见，常成群在沿岸表层洄游。

❖ 保护级别

中国物种红色名录（No.3491）：易危（VU）。

· 镰鱼科 Zanclidae

· 角镰鱼 *Zanclus cornutus*

❖ 形态特征

角镰鱼俗名角蝶鱼、神仙、神像，身体侧扁而高，侧面观近圆形，头前端颇尖，吻尖而长，向前突出，呈管状或圆锥状。头部在眼前缘至胸鳍基部，稍后有1条黑色宽横带，吻两侧上方各有1个三角形且镶黑边的黄斑。身体白色至黄色，体侧也有1条黑色宽横带，由背鳍前部鳍条顶端向下至臀鳍前部顶端，在该黑带的近后缘有1条白色横线纹。体被细小而粗糙的鳞片，排列紧密而牢固，各鳞片均有两行刺。侧线完全。腹鳍尖而长，黑色。尾鳍大部分黑色，有新月形的白缘，后缘微凹。镰鱼是暖水性中小型鱼类，常栖息于水深较浅、水质清澈的珊瑚礁或岩礁周围，有时聚集成群觅食。

角镰鱼以小型甲壳动物、软体动物等为食。

❖ 分布

分布于印度洋和太平洋浅水水域。中国西沙群岛、南沙群岛、南海海域等地有分布。

❖ 经济利用

观赏鱼。

· 龙占鱼科 Lethrinidae

· 红棘裸颊鲷 *Lethrinus erythracanthus*

❖ 形态特征

红棘裸颊鲷又称印度洋龙占，身体棕色至暗灰色，鱼体有模糊、分散的深色和浅色条纹，头部为棕色或灰色，胸鳍和腹鳍白色到橙色，背鳍和臀鳍是斑驳的橙色和蓝色，尾鳍往往是鲜艳的橙色，体长可达70厘米。栖息在深水礁石区，栖息深度为18米～120米。

红棘裸颊鲷属肉食性鱼类，以棘皮动物、甲壳类、软体动物等为食。

❖ 分布

分布于印度洋-太平洋区，从东非至社会群岛、土阿莫土群岛，北起琉球群岛，南至澳大利亚东北部海域。

❖ 经济利用

可食用鱼。

· 半带裸颊鲷 *Lethrinus semicinctus*

❖ 形态特征

半带裸颊鲷，体呈长椭圆形，体色为棕色或银灰色，体长为体高的2.2倍，体侧有网纹状的黑斑。侧线鳞片数46枚～49枚，背鳍硬棘10枚、软条9枚，臀鳍硬棘3枚、软条8枚。体长可达35厘米。该鱼种栖息在珊瑚礁附近具沙底质的海域。

半带裸颊鲷属肉食性鱼类，以甲壳类和其他鱼类为食。

❖ 分布

分布于东印度洋、西太平洋区，包括斯里兰卡、印度、马来西亚、越南、日本、中国沿海、菲律宾、新几内亚、澳大利亚、马里亚纳群岛、诺鲁、帛琉、所罗门群岛、马绍尔群岛、密克罗尼西亚、斐济群岛、万那杜等海域。

❖ 经济利用

食用鱼，味美，适合煮汤或红烧。

· 天竺鲷科 Apogonidae

· 垂带天竺鲷 *Apogon cathetogramma*

❖ 形态特征

垂带天竺鲷，体长圆而侧扁；头大，吻长，眼大，尾鳍内凹；体侧于第1背鳍及第2背鳍前部之下方各有1条暗带，成鱼比较明显；尾柄中央有1个小黑圆点；眼下无任何斜纹；鳃盖骨上缘没有小黑圆点。体长可达12厘米。主要栖息于礁区外围沙泥底质。

垂带天竺鲷以多毛类、桡足类、浮游动物等底栖无脊椎动物为食。

❖ 分布

分布于西太平洋岩礁海域，包括琉球群岛、菲律宾等海域。在我国主要分布于东海、南海海域。

❖ 经济利用

通常以下杂鱼处理，用作鱼饲料，有时会晒成小鱼干食用，经济价值小。

· 环尾天竺鲷 *Apogon aureus*

❖ 形态特征

环尾天竺鲷俗名黄天竺鲷、环天竺鲷、大目侧仔。鱼体高，侧线在胸鳍上方略弯曲，头大，吻部长，眼大。前鳃盖棘完全，后缘呈锯齿状。尾呈弱叉状。体呈金黄色，略带红色，尾柄基的黑斑扩张为环带状。头部有两条蓝白色细带。为暖水性中下层鱼类，栖息于浅海岩礁洞穴中。白天多在岩礁四周的阴暗遮蔽处，三五成群或单独停栖在水层中，夜间外出觅食。繁殖期时，雄鱼会将卵置于口中孵化，由雄鱼吐出仔鱼，具短暂的仔鱼漂浮期。

环尾天竺鲷具有肉食性，主要以甲壳类、多毛类或其他无脊椎动物为食。

❖ 分布

分布于印度-西太平洋区。我国见于东海和南海。

❖ 经济利用

通常作为下杂鱼处理，也可作观赏鱼。

· 虾虎鱼科 Gobiidae

· 大鳞凡塘鳢 *Valenciennea puellaris*

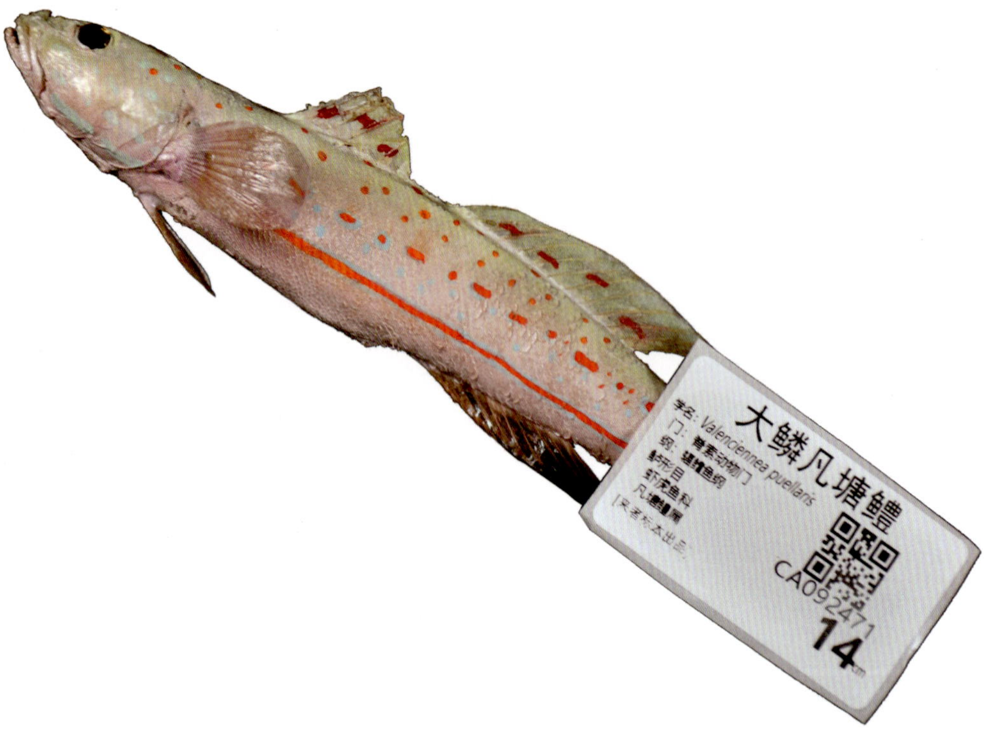

❖ 形态特征

大鳞凡塘鳢，体长，呈圆柱状，眼睛突出，腹鳍愈合成吸盘。鱼体白色，散布3列～4列金黄色斑点，尾鳍圆形，体长可达20厘米。本鱼栖息在礁岩外围沙地，居住于洞穴中，生性机警。

大鳞凡塘鳢属肉食性，以小型无脊椎动物为食。

❖ 分布

本鱼分布于印度洋-太平洋区，红海、东非、毛里求斯、科摩罗、塞舌尔群岛、也门、马尔代夫、斯里兰卡、泰国、越南、日本、中国南海、菲律宾、印度尼西亚、澳大利亚、关岛、斐济、密克罗尼西亚、新喀里多尼亚、马绍尔群岛、瓦努阿图、帕劳、马里亚纳群岛、萨摩亚群岛等海域。

❖ 经济利用

可作为观赏鱼。

· 鳚科 Blenniidae

· 短多须鳚 *Exallias brevis*

❖ 形态特征

短多须鳚，又名金刚虾虎、豹鳚，全身覆盖彩色斑点，脖子上有卷发边缘，眼睛上方有分支的触手。雌鱼和幼鱼被褐色斑点覆盖，而雄鱼头部有褐色斑点，其他地方则有红色斑点。雄鱼的背鳍和尾鳍也带红色。成鱼生活在清晰的沿海珊瑚礁上，通常在海湾和半裸露的栖息地中。

短多须鳚以珊瑚为食。

❖ 分布

分布于印度洋-太平洋区，由红海、南非至夏威夷、马贵斯及社会群岛，北至日本，南至新加勒多尼亚及拉帕等。

❖ 经济利用

小型鱼类，仅具学术研究价值。

· 鹦哥鱼科 Scaridae

· 黄肋鹦嘴鱼♀ *Scarus xanthopleura*

❖ 形态特征

黄肋鹦嘴鱼，体长，略侧扁。初期，头部轮廓呈平滑的弧形，随成长吻部增长，吻部背侧呈平直状。雌鱼，全身为鲜红色，腹部色调较深。雄鱼颊部有1块不规则的蓝色大斑。齿板外表面平滑，上齿板几乎被上唇所覆盖，齿板无犬齿，每1块上咽骨有1列臼齿状的咽头齿。尾鳍新月状。体长可达45厘米。

❖ 分布

分布于西太平洋区，包括琉球群岛、菲律宾、印度尼西亚、帕劳、马绍尔群岛等海域。在我国，主要分布在南海海域。

❖ 保护级别

中国物种红色名录（No.3378）：易危（VU）。

· 乌尾鮗科 Caesionidae

· 黄尾梅鲷 *Caesio cuning*

❖ 形态特征

黄尾梅鲷又称黄尾鮗，上身为黄色或灰蓝色，下腹部和腹部为白色或带粉红色。胸鳍、骨盆和肛门鳍白色至粉红色。尾巴大，为黄色。背鳍后部黄色，前部灰蓝色。长度通常为35厘米。栖息于1米～30米深的海域，通常在岩石和珊瑚礁上。

黄尾梅鲷在中水组建群落并以浮游动物为食。

❖ 分布

分布于西太平洋、马尔代夫及印度尼西亚海域。

❖ 经济利用

观赏鱼。

· 无齿鲳科 Ariommatidae

· 短鳍无齿鲳 *Ariomma brevimanum*

❖ 形态特征

短鳍无齿鲳，个体呈卵圆形或长椭圆形，侧扁。横切面近方形，每侧有2条低弱的内质侧隆起脊。头中大，吻圆钝，口小，前位或亚前位，不能伸缩。颌齿细小，锄骨和腭骨无齿。主要栖息于大陆棚沙泥底区域。具日夜垂直洄游之习性。

短鳍无齿鲳主要以浮游动物为食。

❖ 分布

分布于印度洋。在中国分布于黄海、东海、南海。

❖ 经济利用

经济鱼类。

· 发光鲷科 Acropomatidae

· 美软鱼 *Malakichthys elegans*

❖ 形态特征

美软鱼体呈长椭圆形，侧扁，背腹缘呈浅弧状弯曲。头较大，后头部稍凸起，吻部较短。眼大，前上侧位，眶上缘达头背缘。眼间隔宽而平坦，其宽小于眼径。眶前骨狭窄，上颌骨不蔽于眶前骨下。鼻孔两个，相邻近，前鼻孔圆形，具鼻办，后鼻孔椭圆形。口大，倾斜，上颌向前能伸缩，上颌骨后端达眼中央下方。两颌、犁骨及腭骨具细绒毛牙，两颌、腭骨牙呈带状，犁骨牙呈倒“V”形，舌上无牙。体被弱栉鳞，大而薄，排列整齐，较易脱落。鲜活时体背侧淡黄褐色，腹部银白色，背鳍鳍棘部的边缘黑色，液浸标本体呈棕灰色。

❖ 分布

分布于我国南海、东海。

❖ 经济利用

海洋生态鱼类。

· 拟鲈科 Pinguipedidae

· 多带拟鲈 *Parapercis multifasciata*

❖ 形态特征

多带拟鲈，俗名海狗甘仔、狗、举目鱼、雨伞闩、花狗母海、沙鲈、秋姑、须哥。体淡红色，唇无任何色斑，体长，近似圆柱状，尾部略侧扁，头稍小而似尖锥形。颈部及颊部具黄带，体侧上半部具10条褐色横带，下半部为黄色，腹面淡黄色。眼后方有2条黄色带，尾基则有1块黑斑。喜栖息于沿岸沙泥底或石砾底。最大体长为18 厘米。

多带拟鲈以鱼类及底栖甲壳类生物为食物。

❖ 分布

分布于西北太平洋区，由日本至我国南海南部间海域。

❖ 经济利用

中小型鱼，可食用，鱼体大小不一，一般作为下杂鱼处理。

· 马鲅科 Polynemidae

· 六指马鲅 *Polynemus sextarius*

❖ 形态特征

六指马鲅俗名锅鱼、五荀、六丝马鲅。体长而侧扁，后眼眶长，头中大，前端圆钝，吻部短而圆。眼较大，长于吻长，位于头的前部。脂性眼睑发达，呈长椭圆形。口大，下位，口裂近水平；下颌唇发达，但未达下颌缝合处；上、下颌两侧均有牙齿，其外侧无小齿；锄骨齿退化；腭骨具齿。鳔不具侧枝。体被栉鳞，背鳍、臀鳍及胸鳍基部均有鳞鞘，而胸鳍及腹鳍基部腋鳞长尖形，两腹鳍间另具有1个三角形鳞瓣。侧线直，且向后方缓慢倾斜。背鳍两个，胸鳍短于头长，下侧位，上部胸鳍条大部分分叉，下部具有6枚游离的丝状软条。尾鳍深叉形，上、下叶如丝。体背部呈灰绿色，体侧银白，前端侧线具1块污斑，各鳍灰色而略带黄色。主要栖息于沙泥地混浊水域或珊瑚礁干净水域，不过大多仍以沙泥底质环境较常见，河口、港湾、红树林等海域亦能发现其踪迹，具有群栖性，常成群洄游。

六指马鲅以浮游动物或沙泥地中的软体动物为食。

❖ 分布

分布于印度洋、太平洋和非洲暖水域。中国东海和南海也有分布，以海南岛东部近海较密集。

❖ 经济利用

食用鱼。

18 鲽形目 Pleuronectiformes

· 舌鳎科 Cynoglossidae

· 半滑舌鳎 *Cynoglossus semilaevis*

❖ 形态特征

半滑舌鳎，头、体左侧为淡黄褐色，鳍均为淡褐色，外部边缘为黄色；体右侧为白色，每个鳍均为淡黄色。

❖ 分布

分布于朝鲜、日本。在我国分布于厦门附近至东海、黄海及渤海海域。

❖ 经济利用

可食用鱼。

· 三线舌鳎 *Cynoglossus trigrammus Gunther*

❖ 形态特征

三线舌鳎，体侧扁，呈舌状，一般体长25厘米～40厘米，体重500克～1500克。头部很短，眼小，两眼均在头的左侧，口下位，吻部向下、向后弯曲呈弓形，左右对称。鳞较大，有眼的一侧被栉鳞，淡褐色，有两条侧线，无眼侧被圆鳞，呈白色，无侧线。有眼侧的后鼻孔位于两眼间。背鳍、臀鳍完全与尾鳍相连，无胸鳍，尾鳍尖形。

❖ 分布

分布于我国南海和东海。

❖ 经济利用

肉可入药，药用名称为塔沙、马利、龙利。

· 牙鲆科 Paralichthyidae

· 桂皮斑鲆 *Pseudorhombus cinnamomeus*

❖ 形态特征

桂皮斑鲆俗称桂皮扁鱼、猫头鱼、花点鲆，体呈长椭圆形，十分侧扁，尾柄短、高，头高甚大于长，背缘在吻中部有一小凹刻，腹缘在下颌后端微凸。吻钝，大鱼吻长约等于眼径。两眼位于头左侧，眼位前后相似。眼间隔窄嵴状，眼径为其宽4.7倍~6.9倍。鼻孔每侧2个，前鼻孔有1个皮膜突起，左鼻孔位于眼间隔正前方吻侧，右鼻孔邻近头背缘。口前位，闭时两颌前端相等。鳃耙长矛状，内缘有小刺。生殖突白点状。头体左侧淡黄灰褐色，侧线直线部前端稍后和中央稍后各有1块黑褐色斑。右侧头体乳白色，鳍较淡且无斑。虹彩肌内缘金黄色，瞳孔蓝黑色。主要栖息于沿岸内湾至水深164米深的近海砂泥质海域。

桂皮斑鲆属于肉食性鱼类，主要捕食底栖性的甲壳类或其他种类的小鱼。

❖ 分布

分布于朝鲜、日本。在中国分布于南海、东海和黄海等海域。

❖ 经济利用

可食用。

· 褐牙鲆 *Paralichthys olivaceus*

❖ **形态特征**

褐牙鲆俗名为比目鱼、扁鱼、偏口，鱼体长可达80厘米以上，体呈长椭圆形，很侧扁。吻短三角形，侧扁。两眼位于头左侧，上眼邻头背缘。口大且斜，两侧近似。背鳍始于上眼稍前方的吻右侧，臀鳍始于胸鳍基下方，形似背鳍。头体左侧暗灰褐色，侧线直线部中央及前端上下各有1块约等瞳孔的亮黑斑，其他处散有暗色环纹或斑点，奇鳍有暗色斑纹，胸鳍有黄褐色横细点纹。头体右侧白色，鳍淡黄色。褐牙鲆全年适温范围主要为6摄氏度至12摄氏度。

褐牙鲆以甲壳类、小鱼等为食。

❖ **分布**

分布于中国、朝鲜半岛、日本及俄罗斯库页岛等海区。在中国，自珠江口到鸭绿江口外附近海域均产，以黄、渤海最常见，也分布于南海和台湾海域。

❖ **经济利用**

食用经济海鱼。

19 鲀形目 Tertraodontiformes

· 翻车鲀科 Molidae

· 翻车鲀 *Mola mola*

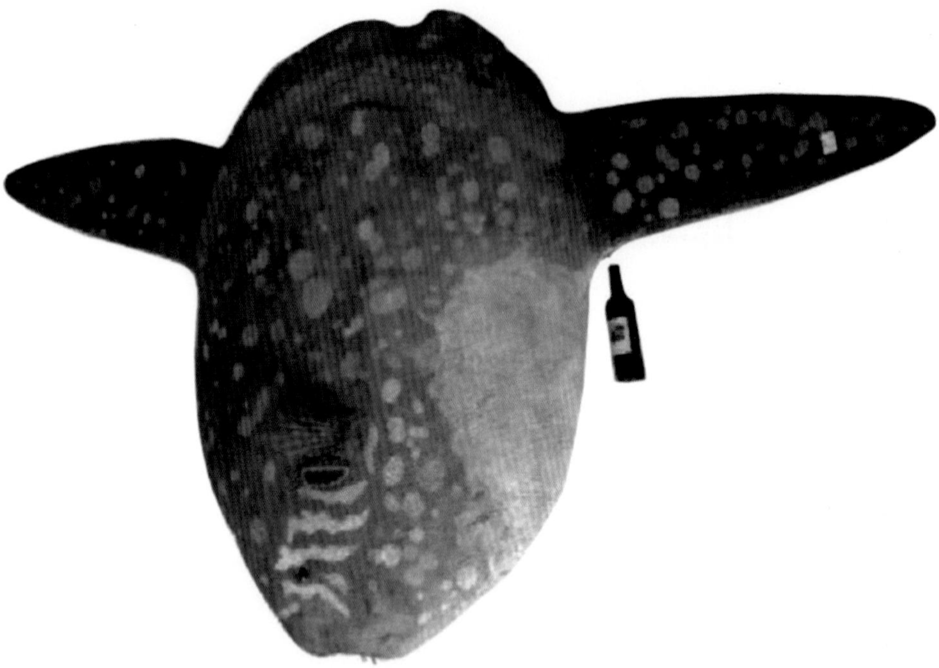

❖ **形态特征**

翻车鲀主要栖息于热带、亚热带水域，体侧面为灰褐色，腹部为银白色，每个鳍均为灰褐色。该鱼种会上浮侧翻，在海上做“日光浴”，因此又有人叫它“太阳鱼”。

翻车鲀主要以海藻、软体动物、水母、浮游甲壳类及小鱼为食。

❖ **分布**

分布于全世界温带及热带海区。在我国分布于南海、东海等海域。

❖ **保护级别**

世界自然保护联盟（IUCN）濒危物种红色名录：易危（VU）。

· 矛尾翻车鱼 *Masturus lanceolatus*

❖ 形态特征

矛尾翻车鱼主要栖息于温热带海域，体表颜色为暗灰色，腹部色较浅，鳍为灰褐色，身体表面还有圆斑。该鱼种背鳍、臀鳍的后部鳍条后延，会形成“舵鳍”，舵鳍后端中部有1个尖矛状突起。

矛尾翻车鱼主要以水母、浮游动物为食。

❖ 分布

分布于全世界的温热带海内，最南达好望角附近，最北达日本马关附近。在我国分布于南海海域。

❖ 经济利用

不多见的食用鱼。

· 单棘鲀科 Monacanthidae

· 密斑马面鲀 *Thamnaconus tessellatus*

❖ **形态特征**

密斑马面鲀主要栖息于深海、沙泥底、近海沿岸，体表为灰褐色，体侧有许多黑褐色斑点，体腹斑点少或无，每个鳍均为灰褐色至褐色，尾鳍颜色较深，但没有黑色边缘。

❖ **分布**

分布于菲律宾的巴顿岛到日本相模滩以南各海。在中国分布于南海海域。

❖ **经济利用**

可食用，肉质佳，适宜煮汤。

· 纵带前孔鲀 *Cantherhines fronticinctus*

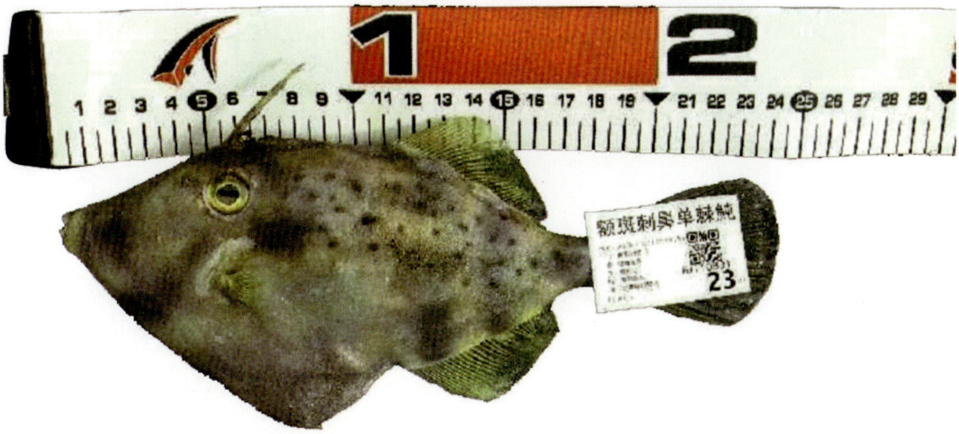

❖ 形态特征

纵带前孔鲀主要栖息于面向大海的礁区，体表为灰褐色至黄褐色，散布一些黑色斑块，且排成纵行；眼间隔有2条褐色横带，尾鳍颜色为深色，有黑色边缘，其他鳍颜色较淡。

纵带前孔鲀主要以底栖生物为食。

❖ 分布

分布于印度-西太平洋区，西起非洲东岸，东至马歇尔群岛，北至日本南部，南至澳大利亚西北部。在我国台湾的南部、绿岛及兰屿可见踪迹。

❖ 经济利用

中小型鱼类，且相当不常见，无经济价值。

· 红尾前角单棘鲀 *Pervagor janthinosoma*

❖ 形态特征

红尾前角单棘鲀又称红尾前角鲀、前角鲀，俗名黑带炮弹、黑带皮剥鲀。体长椭圆形，侧扁，尾柄短而高。口小，前位；鳃孔小，侧位，稍倾斜；鳞片小，长形，有1个~7个向后倒之棘。体侧中央鳞片聚集，不易个别区别。耻骨具3对特化鳞，大且具许多强棘，可活动。体色深褐色、黑褐色、绿褐色、橙褐色，或淡褐色且具许多深色斑，通常头部及体前半部较体后半部色色深，而体后半部绝不呈淡褐色。体具许多排列成规则的水平纵线的极小黑点，鳃裂有1块明显黑斑。尾鳍红黄色或橙色，有许多细横纹。本鱼常出现在水流平缓的内湾或面向大海的礁面，喜栖息于珊瑚繁茂的地区，性情温和。

红尾前角单棘鲀属杂食性，以小型底栖动物为食。

❖ 分布

分布于印度洋-太平洋区。

❖ 经济利用

小型鱼类，较为常见，但无经济价值，为色彩鲜艳的观赏鱼。

· 单角革鲀 *Aluterus monoceros*

❖ 形态特征

单角革鲀，体侧扁，呈长椭圆形，与马面相似。一般体长达40厘米。背鳍鳍条43枚~50枚，臀鳍鳍条45枚~52枚，皆为黄色。头短口小，眼小位高，眼睛上方的第1背鳍棘易断。鳃孔小，位于眼下方；鳞细小，绒毛状。体呈蓝灰色，头及体侧散布许多暗褐色的细点，其中以背侧斑纹较为浓密。尾鳍末端近乎截形，上、下叶末端及中央较突出，故其形状又近似倒“3”字形，颜色为深灰色。栖息于水深200米以深的海区，多成群活动，属外海型暖温性近底层鱼类。

单角革鲀属杂食性鱼类，以底生动物及藻类为食。

❖ 分布

分布于印度洋非洲东海岸至太平洋的夏威夷群岛，北至日本，南至澳大利亚，也见于大西洋热带、亚热带海域。在我国分布于南海、东海、黄海海域。

❖ 经济利用

可食用，但食用价值不高，需剥皮去内脏后再烧烤。

· 多线前孔鲀 *Cantherhines multilineatus*

❖ 形态特征

多线前孔鲀，体椭圆形，侧扁而高，尾柄短。吻长，头高，口端位，唇厚。鳃孔位于眼后半部或眼后缘下方，约在体中线上方，长度较眼径长。胸鳍基在体中线下方。鳞片细小，鳞片基板上有粗短且不规则的小棘。耻骨末端露出体表，覆盖住极小且不可动的特化鳞片。尾柄无倒棘，但雄鱼尾柄有细刚毛。

❖ 分布

分布于西北太平洋区，由日本至我国南海海域。

❖ 经济利用

中小型鱼类，不常见，经济价值低。

· 棘皮单棘鲀 *Chaetodermis penicilligerus*

❖ 形态特征

棘皮单棘鲀，体极侧扁，极高，略呈卵圆形。全身布满发达的皮质突起，幼鱼的突起呈须状且大于眼径长，背棘也突起。吻端稍突出，吻上缘线微凹。上枕骨高而隆起。鳃裂位于眼后缘下方、体中线上方，与之成70度夹角。耻骨露出，上覆盖有3对可动的特化鳞片。鳞片大小不一，但大鳞片极大，鳞片小棘极强壮，有宽厚的棘基，呈三角锥状，棘可分叉，鳞片发达，使皮层面粗糙。体灰白色，布满水平细黑纹，眼周围有放射状细黑纹，眼后下方与胸鳍后上方有2个大圆黑斑。各鳍淡色，鳍膜有细黑点。该鱼种主要栖息于海藻丛生的沿岸礁区或底拖区域的水域，以其皮须拟态于海藻间，借以欺敌及诱捕食物。

棘皮单棘鲀主要以小型甲壳类及小鱼为食。

❖ 分布

分布于印度-西太平洋区，包括印度-马来亚区至澳大利亚，北至日本南部。

❖ 经济利用

中小型鱼类，通常以潜水或渔钓捕获，肉质佳，宜煮汤，亦以其可爱模样而被饲养于水族馆，供人欣赏。

· 尖吻单棘鲀 *Oxymonacanthus longirostris*

❖ 形态特征

尖吻单棘鲀又称尖吻鲀，俗名尖嘴炮弹、玉黍炮弹，体极侧扁，略呈长椭圆形，吻部长且突出。第1背鳍棘特化成强棘，表皮呈绒毛状，粗糙、无鳞片。生活于1米～30米海域，栖息在内湾或向海的礁面，喜藏于轴孔珊瑚中，并以此种珊瑚虫为食，属肉食性鱼类。常以略呈头下尾上的倾斜姿势游泳，通常在长有海藻丛的死珊瑚基部筑巢。

❖ 分布

分布于印度洋–太平洋热带海域。在我国分布于南海南部与台湾海域。

❖ 保护级别

世界自然保护联盟（IUCN）濒危物种红色名录：易危（VU）。

· 黄鳍马面鲀 *Thamnaconus hypargyreus*

❖ 形态特征

黄鳍马面鲀俗名羊鱼、迪仔、沙猛、羊仔、剥皮牛、孜孜鱼。体呈长椭圆形，侧扁。尾柄短而侧扁，尾柄长为尾柄高的1.1倍～1.5倍。头中大，侧视三角形，背腹缘微凸或斜直。吻长而尖，雄鱼背缘微凸。眼中大，侧位且高，眼间隔圆突，眼间隔宽约等于或稍大于眼径。鼻孔小，每侧两个，位于眼前方附近。口小，前位。鳞细小，每片鳞的基板上长有少数鳞棘。雌、雄鱼体色有差异，新鲜雄鱼标本淡灰色，头体密布黄色小圆点，各鳍淡黄色，尾鳍边缘黑色，尾鳍中部有1条暗色横纹。雌鱼头、体上的黄色圆斑不及雄鱼明显，具多行暗色斑纹，尾鳍边缘及中央的暗色斑纹色较浅。

❖ 分布

分布于日本。在我国分布于南海、东海海域，南海产量较多，主要渔场在北部湾和海南岛以东的陆架区。

❖ 经济利用

食用鱼。

· 鲀科 Tetraodontidae

· 星斑叉鼻鲀 *Arothron stellatus*

❖ 形态特征

星斑叉鼻鲀主要栖息于珊瑚礁或岩礁的沙地，在沙地挖凹窝栖息。体表为体茶褐或黄褐色，体背和体侧均为暗斑点，腹部为乳白色，肛门周围都是黑色；鳃孔和胸鳍基底部分黑色斑点相连，形成不规则斑纹。鱼体密被黑色（幼鱼）或浅色（成鱼）细刺，幼鱼体背部和尾部有较稀疏的黑色小斑，腹部也有许多条黑色斜行线纹，成鱼背部和各鳍遍布黑色小斑点，其他鳍为黄褐色。

星斑叉鼻鲀主要以软体动物、甲壳动物、小型鱼类为食。

❖ 分布

分布于太平洋及印度洋，西达红海西北端的苏伊士港，西南达非洲南端伊丽莎白港以西的克奈斯那，往东经印度及马来半岛诸海到印度尼西亚和菲律宾。在中国分布于台湾和南海等海域。

❖ 经济利用

非食用鱼。

· 横纹东方鲀 *Takifugu oblongus*

❖ 形态特征

横纹东方鲀主要栖息于热带与亚热带水域，体表为暗绿色或红褐色，有超10条暗褐色、浅蓝色或白色相间的鞍状横带，该鱼种体背部常有许多小斑点，纵行的皮褶为浅黄色，腹部为乳白色，鳍均为黄色。

横纹东方鲀主要以虾蟹、贝类及幼鱼为食。

❖ 分布

分布于非洲、印度-西太平洋区，包括南非、留尼汪、马达加斯加、波斯湾、印度、泰国、菲律宾、日本、越南、马来西亚、印度尼西亚、新几内亚、澳大利亚、萨摩亚群岛。在中国分布于南海、东海、台湾等海域。

❖ 经济利用

非食用鱼，皮肤、精巢、鱼肉和内脏均有河豚毒素。

· 暗纹东方鲀 *Takifugu fasciatus*

❖ 形态特征

暗纹东方鲀主要栖息于近海水域，体背颜色为茶褐色，有5条~6条暗褐色宽横带，每条宽带间夹有黄褐色窄带，体侧有1块暗褐色胸斑，背鳍基有大黑斑。该鱼种幼鱼体背的暗横带上有小白斑，小白斑随鱼体生长渐消失，胸鳍、臀鳍均为棕黄色，胸鳍基底内、外侧均有1块小暗斑，背鳍、尾鳍为暗褐色。

暗纹东方鲀主要以浮游动物、鱼类、虾类为食。

❖ 分布

分布于朝鲜、日本。在中国分布于东海、南海等海域。

❖ 经济利用

非食用鱼，皮肤、精巢、鱼肉和内脏均有河豚毒素。

· 点斑扁背鲀 *Canthigaster bennetti*

❖ 形态特征

点斑扁背鲀，体表为棕紫色，体背部有许多白色小圆斑，体侧颊部至背鳍下有一些暗褐色小圆斑，背鳍、臀鳍和胸鳍基底各有1块暗斑点，尾鳍为紫褐色，其他鳍均为浅黄色。

❖ 分布

分布于印度洋-太平洋区，从东非、南非至土阿莫土群岛，北起中国台湾南部，南迄澳大利亚新南威尔士省海域。

❖ 经济利用

非食用鱼。

· 纹腹叉鼻鲀 *Arothron hispidus*

❖ 形态特征

纹腹叉鼻鲀主要栖息于3米~50米海域，体背为棕褐色，鳃孔和胸鳍基有白色环纹，腹部有多条白色纵行线纹，随鱼体生长线纹减少，腹部渐为白色。该鱼种身体其余部分都有瞳孔大小、稀疏排布的白色圆斑，且每个鳍均为黄褐色，尾鳍末端为褐色，且没有斑点。

纹腹叉鼻鲀主要以小型底栖无脊椎动物为食。

❖ 分布

分布于印度洋-太平洋区，包括东非、南非、马达加斯加、毛里求斯、红海、塞舌尔群岛、留尼汪、马尔代夫、印度、斯里兰卡、泰国、柬埔寨、韩国、日本、菲律宾、越南、泰国、马来西亚、印度尼西亚、新几内亚、澳大利亚、密克罗尼西亚、库克群岛、马里亚纳群岛、关岛、夏威夷群岛、帕劳、新喀里多尼亚、萨摩亚群岛、东加、瓦努阿图、加拉巴哥群岛、波利尼西亚、中美洲、厄瓜多尔。在中国分布于沿海、台湾等海域。

❖ 经济利用

本鱼禁止食用，其卵巢和肝脏有河豚毒素，皮肤和肠也有毒。多作为观赏鱼。

· 圆斑扁尾鲀 *Pleuranacanthus sceleratus*

❖ 形态特征

圆斑扁尾鲀的头、体均为紫褐色，密布圆形或扁椭圆形灰白色斑点，腹部斑点较大，尾鳍则没有白点，在眼睛的周围有蓝橙相间的辐射状细条纹，每个鳍几乎都是透明的。

圆斑扁尾鲀主要以软体动物、甲壳类、棘皮动物及鱼类为食。

❖ 分布

分布于我国台湾海域。

❖ 经济利用

非食用鱼。

· 黄鳍东方鲀 *Takifugu xanthopterus*

❖ 形态特征

黄鳍东方鲀，又名黄鳍多纪鲀，体呈亚圆筒形，稍侧扁，体前部粗圆，向后渐细，尾柄长圆锥状。眼眶间隔大于吻长。鼻孔小，每侧2个，鼻瓣呈卵圆形凸起。体腹侧下缘有1纵行皮褶。体背自鼻瓣前缘上方至背鳍前方，腹面自鼻瓣前缘下方至肛门前方被小棘。鳃孔内侧淡色。背鳍近似镰刀形，位于体后部；臀鳍与其同形且相对；无腹鳍；胸鳍宽短，近方形；尾鳍宽大，呈截形或近圆形。体背部为浅青灰色，腹面乳白色；体侧有多条蓝黑色斜行宽带，宽带有时断裂呈斑带状；无胸斑，胸鳍基底内外侧各有蓝黑色圆斑；背鳍基部另有蓝黑斑块；纵行皮褶，幼时黄色，成鱼乳白色；各鳍橘黄色。黄鳍东方鲀为暖温水性近海底层中大型鱼类。

黄鳍东方鲀主要以虾、蟹、贝类、头足类、棘皮动物和小型鱼类为食。

❖ 分布

分布于中国、朝鲜半岛和日本相模湾以南的太平洋沿岸。在中国分布于渤海、黄海、东海、南海海域以及长江口的崇明东滩、近海区水域。

❖ 经济利用

黄鳍东方鲀在中国东海和南海海域十分常见，长江口舟山渔场有定产量，我国台湾生产的香鱼片（河鲀鱼干）中，该鱼占比约15%，具一定经济价值。除冬季外，在江口几乎终年可捕。鲜肉洗净可供食用，但处理不当会中毒。

· 刺鲀科 Diodontidae

· 刺额短刺鲀 *Chilomycterus echinatus*

❖ 形态特征

刺额短刺鲀主要栖息于3米~90米海域，头、体的短棘比较粗，不能活动，每个棘都立在皮外，最长的棘约等于眼径的1/2。在头侧的侧下方，各棘基大部分均有1块小黑斑，背鳍、臀鳍及尾鳍的形状均为圆形，其中中央的鳍条最长。

❖ 分布

分布于非洲南端的开普敦、纳塔尔和非洲的东岸及红海和中国南海等海域。

❖ 经济利用

可入药。

· 眶棘圆短刺鲀 *Cyclichthys orbicularis*

❖ 形态特征

眶棘圆短刺鲀的体背、侧面为灰褐色，腹面为白色，体上散布一些较大的黑色圆斑，体侧下方各棘基没有小黑斑，眼间隔和前额中部有棘，尾柄完全没有棘。

眶棘圆短刺鲀主要以无脊椎动物为食。

❖ 分布

分布于非洲、印度洋、马六甲以及中国南海、东海等海域。

· 密斑刺鲀 *Diodon hystrix*

❖ 形态特征

密斑刺鲀主要栖息于内湾或面向大海的礁面，栖息深度8米~50米，头、体均为棕褐色，眼睛下方常有1条褐色弧形横带，尾柄下部有小棘，头部较宽，头宽超过体长的1/3，背鳍、臀鳍边缘形状为圆弧形。

密斑刺鲀主要以甲壳类、海胆、腹足类为食。

❖ 分布

广泛分布于全球各大洋亚热带海域。

❖ 经济利用

有毒，不宜食用，可饲养在水族馆供观赏。

· 三棘鲀科 Triacanthidae

· 双棘三刺鲀 *Triacanthus biaculeatus*

❖ **形态特征**

双棘三刺鲀主要栖息于水层4米~5米处，体背侧线为浅灰色，腹部为银白色，眼中部为白色，上、下边缘为黄色，尾鳍、腹鳍、胸鳍也均为黄色，腹鳍棘为银白色，基地上端时常有1块黑色腋斑。该鱼种的腰带骨比较宽，在鳞上有1个呈“十”形的低嵴突。

双棘三刺鲀主要以甲壳类、贝类为食。

❖ **分布**

在中国，分布于南海、台湾东北部及西南部等海域。

❖ **经济利用**

观赏鱼。

· 箱鲀科 Ostraciidae

· 福氏角箱鲀 *Lactoria fornasini*

❖ 形态特征

福氏角箱鲀，唇肥厚，鳃孔短，近于直立，与眼的后缘相对或位于稍后方，鳃孔长度短于眼径。鳞特化为骨板，多为六角形，连成体甲。头体黄褐色，体上有不规则的蓝色斑点以及长短不同的蓝色带纹。吻部褐色，唇淡黄色。体甲、腹面黄褐色，自口后至肛门前方有1条黑色纵行带纹。背鳍、胸鳍基底褐色，臀鳍基底白色，各鳍色浅。尾鳍灰黄色，有6条深色垂直带纹。主要栖息于水深3米～80米的面海的珊瑚礁区。雄鱼有领域性。

福氏角箱鲀以底栖无脊椎动物为食。

❖ 分布

分布于印度洋非洲东海岸至太平洋中部夏威夷群岛海域。我国南海亦可见其踪迹。

❖ 经济利用

具毒性，无任何食用价值，可被饲养于水族馆或制成干制标本供人观赏。

· 棘背角箱鲀 *Lactoria diaphana*

❖ 形态特征

棘背角箱鲀，体褐色，腹面色较浅。体甲散布不规则的褐色条纹，头部和尾柄上有小黑点。尾鳍淡色，且有6条褐色横纹。眼眶前方有1对前向的棘；腹侧棱后方有1对后向的短钝棘，但较眶前棘长；背中棱中央有1根扁三角形的大棘，棘尖指向背方；背侧棱平直，中央处有1根与背中棱中央的大棘相对的小钝棘。背鳍短小，位于体后部，无硬棘，尾鳍后缘圆形。主要栖息于沿岸礁石区或珊瑚礁附近。栖息水深不浅于50米。

棘背角箱鲀以底栖无脊椎动物为食。

❖ 分布

主要分布于印度洋及太平洋。在中国主要分布于南海、西沙群岛等海域。

❖ 经济利用

有毒，不可食用。

· 角箱鲀 *Lactoria cornuta*

❖ 形态特征

角箱鲀又称海牛、海鸟、风车鱼，是暖水性近海底层鱼类。鱼眼前的棘就像牛头上长的牛角。体呈鲜绿带黄的颜色。鳞特化为六边形骨板，连成一体甲；体甲五棱形，具背侧棱、腹侧棱和背中棱；尾柄后端裸露，无侧中棱；自鳃孔至体甲后端具骨板9个，眶前有1对长棘，向前突出；腹侧棱甚突出，后端有1对长棘，向后突出；背鳍短小，臀鳍与背鳍同形，胸鳍上半部鳍条较长；尾鳍长，后缘圆、凸。体黄褐色，有蓝黑色圆斑，尾鳍有暗色斑点，各鳍淡黄色。主要栖息于礁石附近的藻丛区，幼鱼则常出现于河口或淡水水域。

角箱鲀以底栖动物为食。

❖ 分布

分布于印度洋-太平洋热带海域，包括朝鲜半岛、日本。在我国分布于南海南部与台湾海域。

❖ 经济利用

观赏鱼，体表能分泌毒液。

· 白点箱鲀♂ *Ostracion meleagris*

❖ 形态特征

米点箱鲀又称白点箱鲀，俗名花木瓜。体甲具四棱脊，无背中棱，仅在背鳍前方有一段稍隆起，各棱脊无棘，腹面平坦。背鳍短小，位于体后部，无硬棘，有7根～8根软鳍。臀鳍8根软鳍，尾鳍圆形。幼鱼体褐色，满布黄色小斑；成鱼体色变化多，有蓝褐、黑褐和黄褐色等，且布满小黑斑或与瞳孔同等大的黄斑，此黄斑在尾柄连成线状。各鳍条色深，与体同色，鳍膜透明。

主要栖息于面向大海的珊瑚礁区，栖息深度在潮间带至水深30米处。一般独立生活。杂食性。产浮性卵。

米点箱鲀以海藻及底栖无脊椎动物为食。

❖ 分布

主要分布于印度洋–太平洋区热带海域。在我国分布于南海南部、东北部等海域。

❖ 经济利用

观赏鱼。

· 鳞鲀科 Balistidae

· 波纹钩鳞鲀 *Balistapus undulatus*

❖ 形态特征

波纹钩鳞鲀又称黄纹炮弹。体长椭圆形，侧扁而高，背缘圆弧形，头中等大，侧扁，侧视近三角形，背缘在眼前方稍凹入。鳞中等大，多为菱形，头体除上下唇外全部被鳞。体茶褐色，有许多黄色波状条纹由背缘伸向腹后方，雌鱼及幼鱼吻部及体侧均有波纹，雄鱼则吻部无波纹，体侧具波状条纹。上唇褐色，下唇中央有1条黄色横纹，口的上下部都有黄色条纹伸向胸鳍下方。

波纹钩鳞鲀主要以蠕虫、海葵及海藻为食。

❖ 分布

分布于印度洋及太平洋的热带海内，西南可达非洲莫桑比克南端的德拉果阿湾，西达红海，西北达印度各海，往东至马来半岛、印度尼西亚、菲律宾。在我国分布于西沙群岛、南沙群岛和海南岛等海域。

❖ 经济利用

观赏鱼。

· 疣鳞鲀 *Canthidermis maculata*

❖ 形态特征

疣鳞鲀又称绿拟鳞鲀、大鳞皮剥鲀，俗名黑炮弹、斑点炮弹、疣扳机鲀，眼睛前方有1条纵沟，背鳍2个，体表为蓝色，头及体侧散布许多小于眼径的白点，身体为椭球形，牙齿为白色且有缺陷，又叫“缺刻”，尾部排列有小小的棘。

疣鳞鲀主要以水母、浮游生物为食。

❖ 分布

广泛分布于世界各温带及热带海域。我国主要分布于东海和南海。

❖ 经济利用

观赏鱼。

· 黄边副鳞鲀 *Pseudobalistes flavimarginatus*

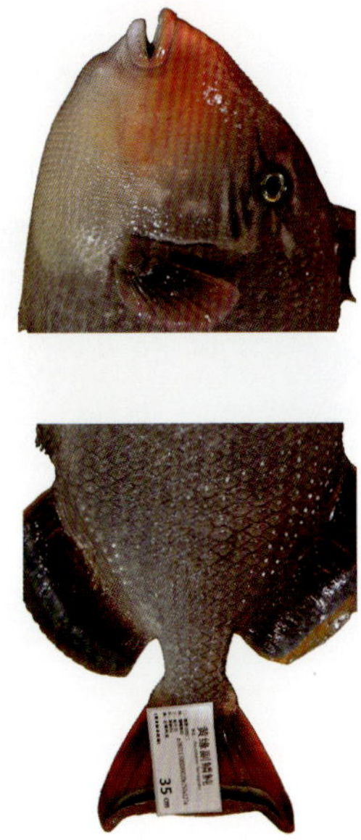

❖ 形态特征

黄边副鳞鲀又名黄缘拟扳机鲀，体稍长，呈长椭圆形，尾柄短。口端位，齿白色，齿上缘有缺刻。眼前鼻孔下有1条楔形深沟。吻前半部无鳞片，后半部覆有比体鳞小的鳞片，颊部有数条水平的浅沟，鳃裂后有大型骨质鳞片，尾柄有5行~6行小棘列。背鳍2个，基底相接近，背鳍及臀鳍软条同形，前部不较后部高，尾鳍新月形。体色黄褐色，体与尾部的每一片鳞具有同样的深绿色点。第1背鳍黄色，第2背鳍与臀鳍深绿色，鳍缘橙色；胸鳍绿色，有橙边；尾鳍深绿色，有橙色边。

黄边副鳞鲀栖息在沿海至内礁和河口，通常在粉质栖息地。在潟湖斜坡和珊瑚礁底部活动。一般是单独或成对出现，幼鱼时形成小聚集，而成鱼通常单独出现，除非雄性聚集在珊瑚礁附近的某些沙滩上筑巢。

❖ 分布

分布于印度洋-太平洋，包括印度尼西亚，日本，红海，南非，塞舌尔，土阿莫土群岛等海域。在我国产于西沙群岛海域和台湾沿海。

❖ 经济利用

观赏鱼。

· 毒锉鳞鲀 *Rhinecanthus verrucosus*

❖ 形态特征

锉鳞鲀又称毒吻棘鲀、黑肚弹、黑斑炮弹、布尔萨炮弹，因外形像炮弹而得名。体长椭圆形，侧扁而高，背缘圆弧形。尾柄短，侧扁吻较长，眼前方无纵凹沟。鼻孔小，每侧2个，位于眼前方。口小，前位。腹鳍棘短，能活动，棘上有一些小棘突。尾鳍截形。体深褐色，腹部色浅。自眼下方至胸鳍基底有1条黑色宽带，宽带的两边及中央有蓝色线纹。

暖水性鱼类，多生活于珊瑚礁丰茂的地区，掠食小型猎物。

❖ 分布

分布于印度-西太平洋海域，在印度尼西亚为常见种。在我国分布于台湾沿海。

❖ 经济利用

可作为观赏鱼。

· 褐拟鳞鲀 *Balistoides viridescens*

❖ 形态特征

褐拟鳞鲀又称绿拟鳞鲀，俗称泰坦炮弹，体侧扁，口小，鱼皮粗糙有不重叠的棱鳞。幼鱼色淡，有2块黑斑；成鱼为深橄榄绿或褐色，头部色较淡。第1背鳍棘粗短且能直立锁定，第2背鳍与臀鳍宽大且对称。泰坦炮弹身形巨大，体长可达700毫米，为鳞鲀科之首。分布于印度太平洋海域的珊瑚礁区，多见于礁石丰茂的地区，常栖息于岩礁区外缘近沙泥底处，夜间栖洞而居，属珊瑚礁活动的热带海水鱼。

褐拟鳞鲀掠食小型猎物，也会啃食礁石上的有机物等。

❖ 分布

分布于印度-太平洋热带海域。在我国分布于南海与台湾海域。

❖ 经济利用

可作为观赏鱼。

· 黑带锉鳞鲀 *Rhinecanthus rectangulus*

❖ 形态特征

黑带锉鳞鲀又名斜带吻棘鲀、三角炮弹，体上方橘褐色，头部与腹部白色，背鳍软棘、臀鳍与胸鳍灰白色，尾鳍暗色。背鳍硬棘3枚、背鳍软条22枚～25枚、臀鳍软条20枚～22枚，体长可达30厘米，栖息在沿海浅水礁石区，有领域性。

黑带锉鳞鲀以藻类、甲壳类、软体动物、海胆、海绵等为食。

❖ 分布

分布于印度洋-太平洋区，从红海、东非、南非至马克萨斯群岛，北起日本南部，南至豪勋爵岛海域。

❖ 经济利用

可作为食用鱼、观赏鱼。

· 黑副鳞鲀 *Pseudobalistes fuscus*

❖ 形态特征

黑副鳞鲀俗称蓝纹炮弹、黑拟扳机鲀，体稍长，体长可达400毫米，呈长椭圆形，尾柄短。口端位，齿白色，齿上缘都有缺刻。眼前鼻孔下有1条楔形深沟。吻前半部无鳞片，后半部覆有比体鳞小的鳞片。颊部有数条水平的浅沟，鳃裂后有大型骨质鳞片，尾柄无小棘列。背鳍2个，基底相接近，第1背鳍位于鳃孔上方，背鳍及臀鳍软条不是圆形，前部较后部高，向后递减。尾鳍新月形，上、下叶或延长。体色一致为深褐色，鳞片上有暗黄斑。各鳍深色，有黄边。

❖ 分布

分布于印度洋-太平洋区，西起红海、非洲东岸，东至社会群岛，北至日本南部，南至澳大利亚大堡礁及新加勒多尼亚。在我国分布于西沙群岛海域及台湾沿海。

❖ 经济利用

观赏鱼。

·红牙鳞鲀 *Odonus niger*

❖ 形态特征

红牙鳞鲀又称魔鬼炮弹、尼日尔炮弹、红牙炮弹。红牙鳞鲀体侧扁，呈卵形，口小而下颌稍突出，齿红色，鱼皮粗糙鳞片大。体色深蓝色，头部颜色较淡，眼前有两道细蓝纹。第1根背鳍硬棘粗短且能直立锁定，尾鳍上、下叶较长，体长可达50厘米。为生活在近海区域的泛珊瑚礁区海水鱼，喜成群在近海巡游，偶尔活动于礁石区。

红牙鳞鲀掠食小型猎物或海底的甲壳类。

❖ 分布

分布于印度洋-太平洋区，包括红海、东非、南非、塞舌尔群岛、马尔代夫、留尼汪、印度、日本、中国、斯里兰卡、泰国、越南、关岛、印度尼西亚、马来西亚、新几内亚、澳大利亚、密克罗尼西亚、圣诞岛、新喀里多尼亚、帕劳、菲律宾、基里巴斯、东加、波利尼西亚等海域。

❖ 经济利用

可食用，另可作为观赏鱼。

· 花斑拟鳞鲀 *Balistoides conspicillum*

❖ 形态特征

花斑拟鳞鲀俗名小丑炮弹，体长可达50厘米，鱼体扁，呈长椭圆形。眼小，位于上侧位，口小，端位。上下颌每侧常各有1行～2行楔状牙齿。体色美丽，鱼体呈灰褐色，唇黄色，齿白色，有缺刻，自眼后到第二背鳍之前的身体上半部有1块黄色鞍状斑。成鱼黄斑散布许多褐斑，身体下半部有许多大白斑，尾柄上有条黄色宽横带，幼鱼则没有。成鱼喜栖息在珊瑚礁外缘峭壁处，幼鱼则在超过20米的深峭壁洞穴或岩脊附近活动。

花斑拟鳞鲀以海胆、海星、甲壳类等小型甲壳类、软体动物等为食。

❖ 分布

分布于印度洋-太平洋地区，西起红海、非洲东岸，东至萨摩亚群岛，北起日本，南至新喀里多尼亚。我国东海和南海有分布。

❖ 经济利用

非食用鱼，肉有毒。色彩鲜艳，为高价值观赏鱼。

· 黄鳍多棘鳞鲀 *Sufflamen chrysopterum*

❖ 形态特征

黄鳍多棘鳞鲀又称金鳍鼓气鳞鲀，俗名咖啡炮弹、金鳍鼓气扳机鲀。体侧扁，呈卵形；口小，鱼皮粗糙，鳞片细小。幼鱼体色较淡，上褐下白，成鱼则转变为深橄榄绿或深褐色，眼下有1条细长白色横带。第1背鳍棘粗短且能直立锁定，第2背鳍与臀鳍宽大且对称。尾鳍上下叶有白缘，体长可达30厘米。黄鳍多棘鳞鲀为暖水性鱼类，栖息于礁沙混合区，性情温和，遇敌时则躲入礁缝凹陷处。筑钵形巢于沙地，亲鱼会护卵。

黄鳍多棘鳞鲀属杂食性，以藻类及底栖动物为食。

❖ 分布

分布于印度-西太平洋区，包括东非、南非、红海、留尼汪、斯里兰卡、印度、马尔代夫、日本、中国南海、泰国、越南、印度尼西亚、新几内亚、澳大利亚、密克罗尼西亚、新喀里多尼亚、帕劳、菲律宾、东加、斐济、关岛、萨摩亚群岛等海域。该物种的模式产地在东南亚和新西兰科罗曼德。

❖ 经济利用

可食用，但多作为观赏鱼。

· 缰纹多棘鳞鲀 *Sufflamen fraenatum*

❖ 形态特征

缰纹多棘鳞鲀俗名黄纹鼓气鳞鲀，体稍长，呈长椭圆形，尾柄短。口端位，齿白有缺刻。眼前有一深沟，颊部被鳞，鳃裂后有大型骨质鳞片。尾柄鳞片有小棘列，且向前延伸至身体中央、第1背鳍下方。背鳍2个，基底相接近。体深褐色，雄鱼在口角有1条白带向后延伸至胸鳍基前方，雌鱼无此色带。除胸鳍褐色外，其他鳍皆为深褐色。该鱼种栖息于礁沙混合区，性情温和，遇敌时则躲入礁缝凹陷处。筑钵形巢于沙地，亲鱼会护卵。

缰纹多棘鳞鲀属杂食性，以藻类及底栖动物为食。

❖ 分布

分布于印度洋、太平洋。我国产于南海海域。

❖ 经济利用

可食用，但多作为观赏鱼。

· 金边黄鳞鲀♂ *Xanthichthys auromarginatus*

❖ 形态特征

金边黄鳞鲀又称蓝面炮弹、蓝鳃炮弹、镀金炮弹，灰褐色身体上覆盖着亮蓝色的斑点，各鳍边缘为黄色，雄鱼鳃边有1块大蓝斑，雌鱼没有。

金边黄鳞鲀以珊瑚礁的礁石为中心，觅食小型猎物及礁石上的有机物。

❖ 分布

广泛分布于印度洋-太平洋海域。

❖ 经济利用

观赏鱼。

· 叉斑锉鳞鲀 *Rhinecanthus aculeatus*

❖ 形态特征

叉斑锉鳞鲀又称鸳鸯炮弹、毕加索炮弹。体色蓝绿，体中央有1块格外明显的黑褐色大斑块，周围有数条彩色条纹向背部和腹部延伸，嘴部环绕黄色条纹，眼部有1条蓝色条纹。鳃盖后身体中央有1块暗黑色大圆斑，第1背鳍可自由伏卧，第2背鳍基部有2条暗黑色环带到达身体中央黑斑。臀鳍基部有7条～8条黑白相间的环带到达身体中央黑斑。

叉斑锉鳞鲀多活动于珊瑚礁周边地区，掠食小型猎物，亦啃食礁石上的微小有机物。

❖ 分布

分布于印度洋和太平洋礁岩海域。我国南海也有分布。

❖ 经济利用

可作为观赏鱼。

· 单角鲀科 Monacanthidae

· 棘尾前孔鲀 *Cantherhines dumerilii*

❖ 形态特征

棘尾前孔鲀，体呈长椭圆形，侧扁，尾柄宽短，吻部不长。眼中大，侧位，口小，前位。鳃孔侧位，位于眼后半部下方。鳞小，鳞棘多粗壮低矮，呈锥状，多以多行排列。尾部无长棘，尾柄部或有小形倒棘。腹鳍棘不能活动，腹鳍褶发达。体侧有约10条暗色横带，口唇内缘褐色，外缘灰白色。尾鳍黑色，边缘黄色。尾柄倒钩白色。棘尾前孔鲀为暖水性鱼类，体长可达350毫米。

❖ 分布

分布于印度洋-太平洋区，西起红海、非洲东岸，东至土木土群岛，北至日本南部，南至澳大利亚大堡礁。在我国分布于东海和南海。

❖ 经济利用

中小型鱼类，经济价值低，但以其可爱模样而被饲养于水族馆，供人欣赏。

· 二齿鲀科 Diodontidae

· 黄斑圆刺鲀 *Cyclichthys spilostylus*

254

❖ **形态特征**

黄斑圆刺鲀，整体为淡褐色，鳍没有斑点，成鱼侧面和腹部有黑点，与脊柱基部相关，尾柄没有刺。体呈圆筒形，头部与身体前半部又宽又圆，到尾部逐渐短小而呈锥状。背部宽平，有气囊，腹部能膨胀。刺鲀体被长棘，平时体表的硬棘伏贴于身上，一旦遇到掠食者攻击的危急时刻，会吞水使身体膨胀，体表的强棘因此而竖起，使捕食者无法吞食。

为热带海水鱼，栖息深度3米～90米，体长可达34厘米，栖息在沿岸礁石区，具夜行性。

黄斑圆刺鲀以有硬壳的软体动物为食。

❖ **分布**

分布于印度-西太平洋区，从红海至菲律宾，北起日本，南至澳大利亚、新喀里多尼亚，东到太平洋加拉巴哥群岛海域。

❖ **经济利用**

观赏鱼。

· 大斑刺鲀 *Diodon liturosus*

❖ 形态特征

大斑刺鲀，体宽、短、粗、圆，稍平扁，尾柄细且侧扁。头宽平，吻短。头部除吻端及尾柄外均被长棘，棘具2棘根，能活动，额棘为眼径1.3倍～1.8倍。背鳍、臀鳍相似，胸鳍宽短，尾鳍圆形。体背部褐色，腹部灰白色，体上有一些大型黑斑，斑的边缘有黄色（固定后为白色）环纹。

大斑刺鲀为热带暖水性底层鱼类，夜间出来觅食，以海螺、虾、蟹等为食。

❖ 分布

分布于印度洋非洲东南海岸至太平洋中部社会群岛等，北至日本，南至澳大利亚。在中国产于海南岛、西沙群岛及台湾沿海。

❖ 经济利用

海洋生态鱼类。

· 四齿鲀科 Tetraodontidae

· 黑斑叉鼻鲀 *Arothron nigropunctatus*

❖ 形态特征

黑斑叉鼻鲀又称狗头、黑点狗头，体呈长椭圆形，头部粗圆，尾柄侧扁。体侧下缘无纵行皮褶。口小，端位；上下颌各有两个喙状大牙板；吻短，圆钝；眼中大，侧上位；无鼻孔，两侧各有1个叉状鼻突起。除吻端、鳃孔周围与尾柄外，全身布满小棘。背鳍圆形至稍微尖形，位于体后部，无腹鳍；胸鳍宽短，后缘呈圆弧形；尾鳍宽大，呈圆弧形。体背部褐色，腹部白色，体表有瞳孔大小的黑点，数量远少于星斑叉鼻鲀，但直径较大，且多集中于腹部；吻与鳃孔黑色；肛门上有1块黑斑；胸鳍基黑色。各鳍浅灰色或白色，无小黑点，但尾鳍色深，鳍缘白色。此鱼种体色变化很大，幼鱼背部黑色，腹部深棕色；背部有小黑点，愈往侧边黑点愈大，腹部黑点稀少；各鳍白色，但尾鳍色深。

黑斑叉鼻鲀主要以珊瑚枝芽的尖端为食，同时亦以藻类、海绵及小型底栖无脊椎动物等为食。主要栖息于珊瑚礁区，独立生活。

❖ 分布

主要分布于印度洋-太平洋区。

❖ 经济利用

肝脏及卵巢有剧毒，不可食用。常被当作观赏用鱼在水族馆展示。

· 黑头前角单棘鲀 *Pervagor melanocephalus*

❖ 形态特征

黑头前角单棘鲀，体呈长椭圆形，侧扁，尾柄短而高。口小，前位。鳃孔小，侧位，稍倾斜。鳞片小，长形，有1列向后倒的棘，1个~7个。体侧中央鳞片并不聚集，可个别区别。耻骨特化鳞3对，大且有许多强棘，可活动。第1背鳍棘强壮，在眼前半部上方，棘侧各有1列约超14枚的小强棘。体黑褐色，鳃裂有1块明显黑斑；第2背鳍和臀鳍均为灰褐色，鳍上有许多黑褐色斑，连成纵纹；尾鳍灰褐色，后缘橘红色。

❖ 分布

分布于西太平洋区，西起苏门答腊，东至斐济，北至日本南部，南至澳大利亚。

❖ 经济利用

小型鱼类，不常见，经济价值低。模样可爱，常被饲养于水族馆中，供人欣赏。

· 密沟圆鲀 *Sphoeroides pachygaster*

❖ 形态特征

密沟圆鲀体呈亚圆筒形，头、胸部粗圆，躯干后部渐细。尾柄较短，呈锥形，后部渐侧扁。体侧下缘各侧无纵行皮褶。眼中等大，侧上位。眼间隔宽，稍圆突，鼻孔每侧2个，紧位于鼻瓣内外侧。口小，前位。唇厚，有细裂纹，下唇两端向上弯曲，伸达上唇外侧。体背、腹面和侧面均光滑无刺，密布纵行细纹。体背铁青色或青灰色，体侧浅灰色，腹部乳白色；体背面和侧面有时不规则分布众多大小不等的黑褐色斑点，大斑大于眼径，小斑小于眼径；背鳍基底和胸鳍下端黑色，鳃孔亦黑色；胸鳍暗色，下端鳍条白色；尾鳍亦暗色，下端鳍条亦呈白色。背鳍和臀鳍浅灰色。

密沟圆鲀为暖温水性近海底层中小型鱼类，常栖息于东海大陆架边缘200米较深海域。体长一般达40厘米。生活时，有时吸水使腹部膨胀，漂浮于水面，随波逐流。

密沟圆鲀以甲壳动物、鱼类和乌贼等为食。

❖ 分布

分布于全球各大洋热带至温带海域，被IUCN列为易危保育类动物。在我国分布于东海大陆架边缘海域和台湾沿海。

· 拟三刺鲀科 Triacanthodidae

· 拟三刺鲀 *Triacanthodes anomalus*

❖ 形态特征

拟三刺鲀，口端位，唇薄，齿圆锥状，除外缘齿列外，内另有一疏齿列。鳃裂长，拟鳃长，延伸至胸鳍基下方。体被细鳞，每片鳞表面有1根～4根直立的棘突排列成行，大型鱼可达6根棘突，棘多细尖，大型鱼有分叉的棘突。体淡红色，有两条明显深带，1条从眼上方延伸至背鳍末端，1条从眼后延伸至臀鳍基前缘。

底栖鱼类，栖息于水深100米的泥沙海底。

❖ 分布

分布于太平洋西部海区。在我国见于南海和东海。

❖ 经济利用

体小、皮厚，鳍棘尖硬，经济价值低。

20 金眼鲷目 Beryciformes

· 金鳞鱼科 Holocentridae

· 黑鳍新东洋鳂 *Neoniphon opercularis*

❖ **形态特征**

黑鳍新东洋鳂又名铁甲、金鳞甲、铁甲兵，体较细长，中等侧扁。头部具黏液囊，外露骨骼，多有脊纹。眼大，口端位，裂斜。下颌凸出于上颌。颌骨、锄骨及腭骨均有绒毛状群齿。前鳃盖骨后下角有1根强棘；鳃盖骨及下眼眶骨均有强弱不一的硬棘。体被大型栉鳞，侧线完全，侧线鳞数38条～40条，侧线至背鳍硬棘中间点，鳞片数为2.5片。体银红色，鳞片上均有暗红色或黑色标志。背鳍硬棘部全为黑色，基底白色，背鳍软条部、臀鳍与尾鳍淡红黄色，胸鳍粉红色，腹鳍白色。

❖ **分布**

广泛分布于印度洋-太平洋区的温热带海域，西起东非到土木土群岛，北至琉球群岛，南至新加勒多尼亚。

❖ **经济利用**

体色鲜红，可作为观赏鱼。

· 白边棘鳞鱼 *Sargocentron violaceum*

❖ 形态特征

白边棘鳞鱼别名紫鳂、珍珠艳红，体被强栉鳞，侧线上鳞30片。前鳃盖后下角有1根长棘，棘长大于眼径。后鼻孔前后缘均有小棘。头部红色，体上鳞片有蓝色斑点，鳞片边缘红色，各鳍红色，无斑点。后鼻孔前后缘均有小棘，可达25厘米左右。此鱼最明显的特征是有耀眼的紫蓝色鳞片，独具一格。

属于暖水性鱼类，生活于珊瑚礁海区，是珊瑚礁区近底层肉食性海鱼。

❖ 分布

分布于东南到菲律宾， 萨摩亚及塔希提岛等海域。

❖ 经济利用

观赏鱼。

· 赤鳍棘鳞鱼 *Sargocentron tiere*

❖ 形态特征

赤鳍棘鳞鱼又称艳红、青带金鳞鱼、金鳞甲、铁甲兵、铁线婆，体呈椭圆形，中等侧扁。头部具黏液囊，外露骨骼多有嵴纹。眼大，口端位，裂斜。下颌不突出于上颌。前上颌骨的凹槽大约达眼窝的前缘垂直线上，鼻骨的前缘有2个分开的小棘，鼻窝没有小刺。体为红色，体侧具银红色斑纹，并有蓝色的虹彩；背鳍硬棘部红色，棘的尖端白色，而在每个鳍膜的中央有1块白色的斑块；其他鳍皆为红色，腹鳍与臀鳍硬棘的前缘为白色。

生活于珊瑚礁区，属热带地区近岸生活的海水鱼类。

❖ 分布

分布于印度洋-太平洋区，西起东非到夏威夷、马贵斯群岛与迪西岛，北至日本南部，南至澳大利亚与奥斯垂群岛。在我国分布于东海、南海。

❖ 经济利用

赤鳍棘鳞鱼是金鳞鱼科很有代表性的品种，在我国南方沿海城市，是廉价的海鲜。捕捞量很大，但肉质不好，经济价值、观赏价值均不高。

· 黑鳍棘鳞鱼 *Sargocentron diadema*

❖ 形态特征

黑鳍棘鳞鱼又称大眼鸡，体呈椭圆形，中等侧扁。头部具黏液囊，外露骨骼多有脊纹。眼大，口端位，裂斜。下颌不突出于上颌。前上颌骨的凹槽大约达眼窝的前缘稍后方，鼻骨的前缘圆形，鼻窝没有小刺。背鳍连续、单一，硬棘部及软条部间有深凹，尾鳍深叉形。体侧宽深的红色与狭窄的银白色斑纹交互。背鳍的硬棘部鳍膜全为红色至红黑色，中央白色细纵纹止于中部，其后的硬棘为白色，臀鳍最大棘区为深红色，胸鳍基轴无黑斑。

主要栖息在水深1米～90米的亚潮带海域，喜爱以珊瑚礁台、潟湖或向海的礁坡为家。夜行性鱼类，但白天偶尔会单独或成群在礁岩下觅食。

黑鳍棘鳞鱼以礁底的小型甲壳类或小鱼为食物。

❖ 分布

分布于印度洋-太平洋区，由红海、东非到夏威夷与皮特凯恩群岛，北至琉球与小笠原群岛，南至澳大利亚北部与罗德豪岛。

❖ 经济利用

肉白，但质地较烂，煮汤时肉易散开且多溶解油质，因此适合抹盐油煎食用。其内脏可能累积热带海鱼毒，其鳞片及棘刺尖利，需加以注意。体色鲜红，可观赏。

· 尖吻棘鳞鱼 *Sargocentron spiniferum*

❖ 形态特征

尖吻棘鳞鱼别名棘鳂、艳红、金鳞甲、铁甲兵、铁线婆，尖吻棘鳞鱼头、体呈红色，越往腹部颜色越淡，除背鳍鳍棘部为红色外，其他各鳍均为黄色。尾鳍深分叉，上下叶末端钝。前鳃盖骨在眼后处有1块红斑块，下方硬棘非常长，几乎为眼径的2倍，在胸鳍基部亦有1块红斑。背鳍呈红色，鳞片泛金色。

夜行性鱼，夜间出来觅食，白天躲在石洞里。尖吻棘鳞鱼栖息的地方非常多样化，幼鱼期栖息于水浅且易躲藏行迹的礁石边，长大后移居到水较深的地方。

❖ 分布

本鱼分布于印度洋-太平洋海域，东至夏威夷、西到红海及东非、北达琉球群岛中部的奄美岛，南到澳大利亚大堡礁。在我国主要分布于台湾南部、西沙群岛、中沙群岛及南沙群岛等。

❖ 经济利用

高价值的食用鱼，油炸至酥脆味道更好。

· 燧鲷科 Trachiohthyidae

· 大西洋胸棘鲷 *Hoplostethus atlanticus*

❖ 形态特征

大西洋胸棘鲷别名为长寿鱼、橙鲷鱼、橙棘鲷、燧鲷、红棘胸鲷，身体呈长方形，侧面高而平，背部隆起，腹部圆，鳞片大，背鳍圆形，有超10根刺。腹鳍末端延伸至肛门，臀鳍与背鳍相对，尾鳍末端钝圆。体侧和尾鳍上有许多纵向网状斑纹，体色为灰褐色，从背部到腹部逐渐变浅，鳞片边缘较暗。大西洋胸棘鲷是生长最缓慢的深海鱼类，成熟年龄在25岁～32岁，成熟后开始繁殖，寿命长达160岁，成鱼体长30厘米～40厘米，平均体重1.5千克。长寿鱼虽分布广，但繁殖率极低，尤为珍贵。

❖ 分布

分布在大西洋、印度洋、太平洋和地中海。

❖ 经济利用

可食用的高端食材，具有药用价值。

· 达氏桥棘鲷 *Gephyroberyx darwinii*

❖ 形态特征

达氏桥棘鲷别名燧鲷、焰孔、厚壳、大目孔，体高而侧扁，呈卵圆形。头大而高，具备大型的黏液腔，外被薄膜。吻部钝短。眼大，眼眶下缘及后缘有若干条长短不一的骨脊。口前位，斜裂。上颌骨末端达眼后缘下方，下颌骨略突出，在缝合处有1个小突起，上、下颌细小，绒毛状，锄骨及腭骨都有齿。鳃盖骨后缘有1根短棘，前鳃盖骨后下缘有另1根强棘。尾鳍深叉，上下叶缘尖形。体灰褐色，口腔及鳃腔黑色，各鳍淡色。

主要栖息于大陆棚陆坡区200米以深水域的深海底层鱼类，通常出现在硬质底层处，一般栖息深度在200米～500米间，幼鱼则常出现于沿岸。

达氏桥棘鲷主要以小虾及鱼类为食。

❖ 分布

世界各热带及亚热带海域。我国分布于东海、南海。

❖ 经济利用

可利用底拖网捕获，可以用于制作鱼粉或鱼油，我国台湾产量少且鱼体小，一般作为下杂鱼处理。

· 金眼鲷科 Berycidae

· 红尾棘金眼鲷 *Centroberyx rubricaudus*

❖ 形态特征

红尾棘金眼鲷又名红鱼、红大目仔、红三角仔、红皮刀、厚壳、金皮刀，是深水域底层性鱼类。体稍高而侧扁，呈长椭圆形，体高为标准体长的42%～44%。头大，侧扁，有黏液腔，外被薄膜。吻部钝短，后鼻孔椭圆形，眼颇大，泪骨无棘。口大而斜裂，上颌骨后端不及眼后缘，下颌稍突出，上、下颌和锄骨、腭骨均具绒毛状齿。体被栉鳞，腹部中央区鳞片呈棱状。背鳍单一，无缺刻，尾鳍深叉，上、下叶缘尖形。体呈淡红色，尾鳍暗红，腹部略呈银白。

红尾棘金眼鲷以小型甲壳类及小型鱼类为主食，偶亦出现于较深水域的珊瑚礁区。

❖ 分布

在我国主要分布于台湾南部海域。

❖ 经济利用

延绳钓及底拖网可得，食用鱼类，肉质鲜美。

· 红金眼鲷 *Beryx splendens*

❖ 形态特征

红金眼鲷，全长可达6厘米；体火红色，头侧扁，骨嵴与骨边锯齿状；吻钝，背缘圆凸，眼前方向外侧有1根短棘；眼侧位，稍高；口斜，不达眼后缘；下颌略突出；两颌齿细弱，牙群带状；鼻孔位眼前方，后鼻孔较大；鳃孔大，鳃盖膜游离；鳞栉刺粗糙；侧线前段位高，到尾鳍基为侧中位；背鳍棘弱，腹鳍胸位，尾鳍尖叉状。

生活于海平面下200米~800米水深海区。常白日降海底，夜升水表层。产浮性卵，新孵出仔鱼浮水上层，约8日后降至水底层。

❖ 分布

分布于世界各热带及温带海域。在我国主要分布于东海。

❖ 经济利用

经济鱼类。

21 鼬鳚目 Ophidiiformes

· 鼬鳚科 Ophidiidae

· 单斑新鼬鳚 *Neobythitesuun nimaculatus*

❖ 形态特征

单斑新鼬鳚，体长而圆，尾部侧扁。鳃盖骨后面有1根尖锐的硬棘，前鳃盖骨的下方则有2根小棘。背鳍和臀鳍非常长，一直延伸至尾鳍部位，愈合在一起。腹鳍位于喉部，退化成2条丝状鳍，尾鳍有8根鳍条。头部及体上半部黄褐色，体下半部淡色。各鳍淡黄，背鳍有1块大黑斑。

主要栖息于大陆架沙泥底水域，栖息深度在110米～565米。属于肉食性鱼类，以底栖生物为食。

❖ 分布

分布于西太平洋区，日本至澳大利亚北部及新喀里多尼亚外海域。在我国主要分布于南海。

❖ 经济利用

较少见鱼种，食用经济价值不大，一般作为下杂鱼处理，具学术研究价值。

· 多须鼬鳚 *Brotula multibarbata*

❖ 形态特征

多须鼬鳚别名多须鼬鱼、多须鼬鲫、松鱼、双边目鳎西、鼬鱼、海鲶、多须鲶，体圆而延长，近尾部处则是逐渐侧扁。其吻端及下颌各有3对须，鳃盖骨后方有1根强棘，但往往被表皮覆盖。背鳍和臀鳍非常长，一直延伸至尾鳍部位，愈合在一起；腹鳍位于喉部，退化成2条丝状鳍；尾鳍有10条鳍条。体呈茶褐色，腹部及胸鳍的颜色较淡，背鳍和臀鳍的外缘颜色较深。主要栖息于沿岸浅礁区到深达650米的海域，产卵期在每年7～8月。昼间栖身于洞隙中，夜间外出捕食小鱼、小虾蟹等。

❖ 分布

主要分布于我国东海、南海。

❖ 经济利用

下等食用鱼类，产量不高，经济价值不高，多作为下杂鱼处理。

22 月鱼目 Lampriformes

· 月鱼科 Lampridae

· 斑点月鱼 *Lampris guttatus*

❖ 形态特征

斑点月鱼俗名月鱼、花点三角仔、红皮刀，体侧扁，呈卵圆形，口小眼大，鳞片细小。体色粉红、蓝、紫色皆有，散布白色斑点，各鳍均为橘红色。背鳍前方鳍条呈镰刀状，与腹鳍略对称，尾鳍月形。生活于100米～400米海域，靠上下挥动大型胸鳍来游泳，如同划桨。繁殖期在春季。

斑点月鱼肉食性，以头足类为主。

❖ 分布

分布于西大西洋、西印度洋温带及太平洋温带、亚热带海域。

❖ 经济利用

中大型的食用鱼。

· 皇带鱼科 Regalecidae

· 皇带鱼 *Regalecus glesne*

❖ 形态特征

皇带鱼别名大海蛇、龙宫使者、龙王鱼、大带鱼、大鲱鱼王、摇桨鱼、地震鱼，是世界上最长的硬骨鱼，体侧扁而长，呈带状，没有鳞片。全身为银灰色，并有蓝黑色斑纹，身体上方有鬃状的红色背鳍，头部像马头一样，头部的鳍呈冠状，没有臀鳍。因其长长的腹鳍像船桨，因此也被称作“摇桨鱼”。皇带鱼属于肉食性鱼类，它们性情凶猛，并且还有同类自相残杀的行为。栖息于深海的中、上层，做波浪式的蛇行运动。

皇带鱼主要以各种中小型鱼类、乌贼、磷虾、螃蟹等为食。

❖ 分布

分布于大西洋、印度洋及太平洋。

❖ 保护级别

中国物种红色名录（No.3092）：濒危（EN）。

23 虎鲨目 Heterodontidae

· 异齿鲨科 Heterodontidae

· 斑纹异齿鲨 *Heterodontus zebra*

❖ 形态特征

斑纹异齿鲨，体延长，前部粗大，后部渐细小；背部轮廓稍圆凸，腹面平坦；头圆锥状而稍住上扬，眼上方、头背部不明显的向后下方倾斜。吻部短宽而钝圆。眼椭圆形，上侧位，无瞬膜。眶上隆棘较低。斑纹异齿鲨是主要栖息于大陆棚近海的中小型鲨鱼。行动缓慢。卵生，卵大且具螺旋形卵壳，四角皆有短须状突起。

斑纹异齿鲨主要以底栖无脊椎动物及小鱼为食。

❖ 分布

分布于西太平洋区，包括日本、韩国、越南、印尼、菲律宾及澳大利亚北部海域。在中国广泛分布于沿海地区和南海。

❖ 经济利用

以延绳钓捕获，较不常见的鱼种，经济价值性不高，大型水族馆偶有展示。

24 鲇形目 Siluriformes

· 海鲇科 Ariidae

· 大头多齿海鲇 *Netuma thalassina*

❖ 形态特征

大头多齿海鲇俗名成仔鱼、成仔丁、银成、白肉成、臭臊成。体延长，头部略扁，腹部圆，后半部侧扁。头中大，上覆骨板，板上有颗粒突出，枕骨区骨板后端窄。吻部略尖，口在吻端下方，上颌较下颌为长，颌骨有锐利齿带，腭骨则有1对略呈卵圆形的齿带，口边有3对须。体无鳞，黏液膜易落。背、胸鳍的硬棘前后缘皆有锯齿，尾鳍为深分叉形。体背呈蓝灰色，体侧灰白色，腹部淡白。各鳍略偏黄，脂鳍有黑缘。

底栖性鱼类，喜欢栖息于沙泥底质的地形环境，常至河口区甚至河川下游觅食。

大头多齿海鲇主要以无脊椎动物及小鱼为食。

❖ 分布

分布于印度-西太平洋区，西起非洲东部、红海，东至波利尼西亚，北至琉球，南至澳大利亚。

❖ 经济利用

春、夏季，常为流刺网、延绳钓及底拖网所获，也是河口区域常钓获的鱼种。鱼肉腥味较重，经济价值不高，可以用枸杞、当归等中药炖煮去腥食用。

25 角鲨目 Squaliformes

· 角鲨科 Squalidae

· 大眼角鲨 *Squalus megalops*

❖ 形态特征

大眼角鲨，体细而纤长；头扁平，头宽大于头高；尾细长，有尾前凹洼和侧脊；吻短，前缘广圆，侧视尖突。外角钝圆，内缘尖而突出。背面灰褐色，腹面淡白色；第1和第2背鳍顶端黑色，胸鳍后缘浅色。主要栖息于温带和热带大陆棚及岛屿上层斜坡，是常见小型鲨。栖息深度为30米~750米。

为底栖性鱼类，常成大群。

❖ 分布

分布于西太平洋区。在我国分布于渤海、黄海、东海、南海。

❖ 经济利用

主要为底拖网、流刺网捕获，一般加工为鲨鱼腌或制成鱼浆、鱼丸等。

26 海龙目 Syngnathiformes

· 玻甲鱼科 Centriscidae

· 细棘长吻鱼 *Macrorhampbosus gracilis*

❖ 形态特征

细棘长吻鱼，体稍长、侧扁，呈长圆形。头尖而长，吻部呈长管状。眼较大，上侧位。眼间隔稍圆凸，其宽稍小于眼径。鼻孔2个，紧接，均位于眼前方。无牙，口小，位于吻端。上颌骨后部宽。鳃孔大，向前达眼前缘下方。假鳃发达，鳃耙短小，栉状。头、体密被小鳞，鳞面具多条纵棱，后缘锯齿状。眼球表面上下及后缘具多行小鳞，尾鳍被鳞，背鳍2个，分离。鳍棘部和鳍条部无游离小棘，均位于体后部。尾鳍后缘凹入，尾鳍前副鳍条发达。

生活于水深182米～279米水域，卵生，卵与仔鱼具浮游性。

❖ 分布

分布于日本沿海海域以及大西洋的马德拉海、非洲西岸和地中海。在我国分布于东海海域。

❖ 经济利用

海洋生态鱼类。

27 锯鲨目 Pristiophoriformes

· 锯鲨科 Pristiophoridae

· 日本锯鲨 *Pristiophorus japonicus*

❖ 形态特征

日本锯鲨，吻部向前突出，两侧分布由皮肤衍生出的齿状结构，吻端中部腹侧具有2条肉质触须，配合洛伦兹壶腹，以探测猎物、躲避敌人。成体雄性长80厘米~100厘米，雌性长约100厘米，最大体长可达136厘米。身体较扁，无瞬膜，无棘刺，有1对胸鳍，1对腹鳍，无臀鳍，尾鳍较短。卵胎生，雌鲨会产约12条平均长约30厘米的幼鱼。

日本锯鲨以底栖鱼类、头足类、甲壳类为食。

❖ 分布

分布于日本南部、朝鲜西南部海域。在我国分布于黄海、东海海域。

❖ 保护级别

中国物种红色名录（No.2709）：濒危（EN）。

28 鼠鱚目 Gonorhynchiformes

· 鼠鱚科 Gonorhynchidae

· 鼠鱚 *Gonorynchus abbreviatus*

❖ 形态特征

鼠鱚，体长圆柱形，一般长16.4厘米～38厘米，最大体长50厘米。头圆锥形，吻部腹面有1条小须。眼中等大，全被脂膜覆盖，眼间隔略凸。鼻孔小，口小，下位。两颌、犁骨和腭骨无牙。唇缘有许多须。有假鳃，鳃盖膜与鳃峡相连。头、体被小栉鳞。胸鳍和腹鳍的基部有细长的肉质突起，尾鳍后缘微向内凹。背部淡棕色，腹部白色，各鳍末端灰黑色。

❖ 分布

分布于太平洋和印度洋。在中国见于东海和南海。

❖ 经济利用

肉有毒，不宜食用。